빛깔있는 책들 202-2

전통 건강 음료

글/한국의 맛 연구회 ● 사진/배병석

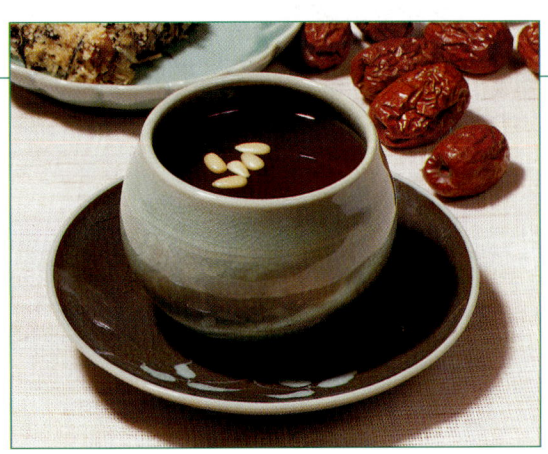

대원사

한국의 맛 연구회

강인희 명지대학교 명예교수·
        한국의 맛 연구회 회장
조후종 명지대학교 교수
이말순 한국전통음식연구가
신현희 성균관대학교 강사
김진원 재캐나다 한국전통음식
        연구가
윤숙자 배화여자전문대학 교수
박혜원 신흥전문대학 교수
허채옥 한양여자전문대학 교수
김귀영 상주산업대학교 교수
김명순 한국전통음식연구가
이춘자 수원여자전문대학 교수

사진 촬영

배병석 88올림픽 문화행사 음식문
화5천년전 및 온양민속박물관 유물
촬영 및 도록 발간의 사진작업을 담
당했다.

그릇 협찬

무역센터 해강도예
곽규진 토리공방
양덕환 경기대학교 교수

전통 건강 음료

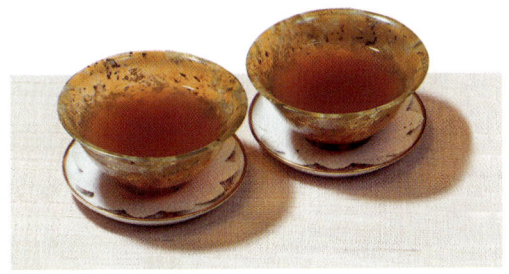

전통 건강 음료

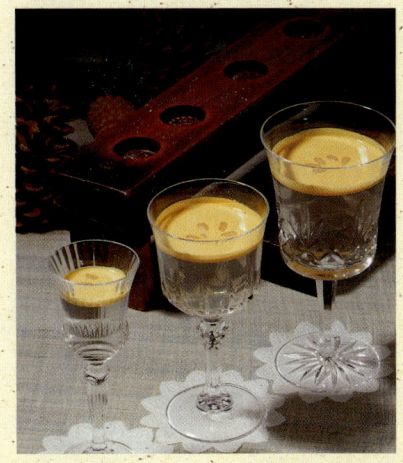

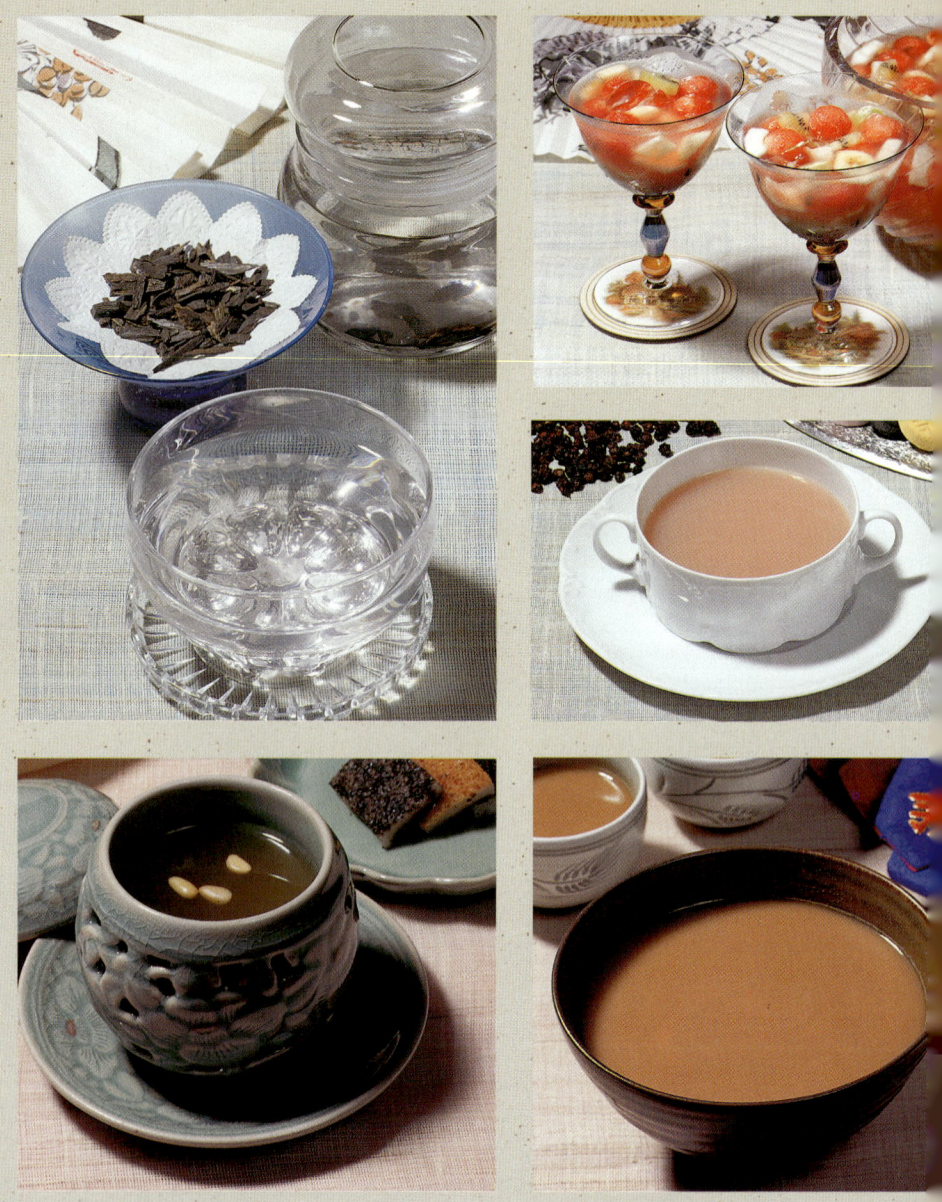

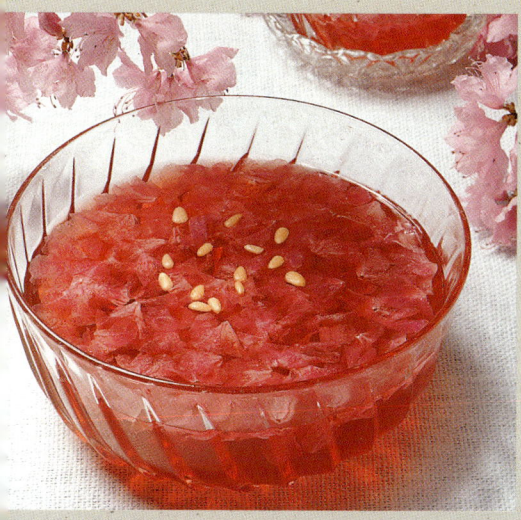

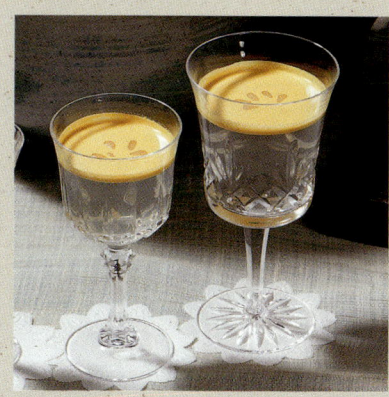

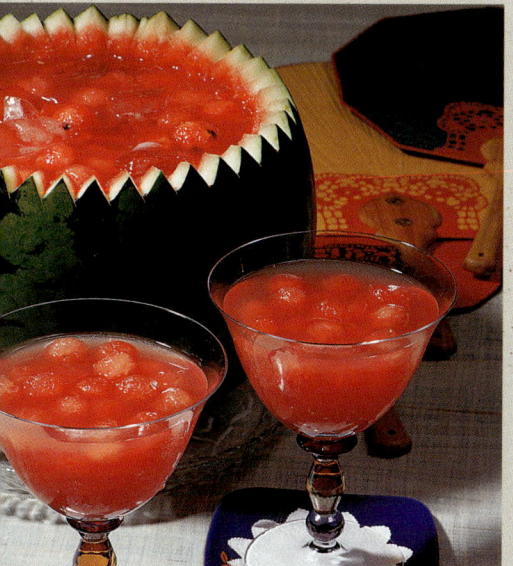

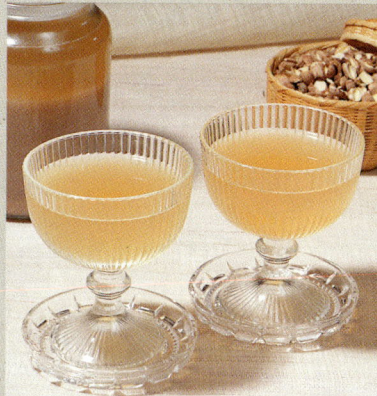

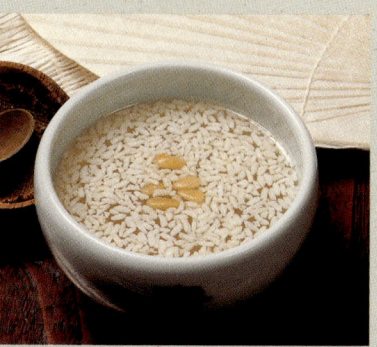

전통 건강 음료

예로부터 우리나라는 '금수강산(錦繡江山)'이라고 불릴 정도로 아름다운 자연 경관으로 이름나 있다. 특히 산이 많아 깊은 계곡이 많기 때문에 좋은 샘물이 도처에 솟고 있어 양질의 자연 감수(甘水)가 매우 풍부하였다.

따라서 사람들은 깨끗한 자연 환경에서 손쉽게 구할 수 있는 좋은 물을 가장 원초적인 음료로 여겨 왔다. 이런 사실은 '고구려인들은 윤수(潤水:골짜기의 물)를 마신다'라는 중국 문헌의 기록을 통해서도 알 수 있다.

우리 선조들은 음료를 만드는 데도 계절적인 감각을 담아 내었다. 이른봄에 꽃 소식을 전해 주는 진달래꽃을 따다가 오미자 국물에 띄워서 진달래 화채를 만들어 자연의 멋을 즐기기도 하였고, 초여름에는 장미 화채·가련 화채·앵두 화채·복숭아 화채, 가을에는 배 화채·유자 화채, 겨울에는 식혜·수정과 등 각 계절을 대표하는 꽃·잎·열매·과일을 이용하여 계절식을 만들어 먹었다. 따라서 우리 전통 음료는 자연의 멋과 선조들의 풍류를 즐기는 멋이 깃든 음식이라고 볼 수 있다.

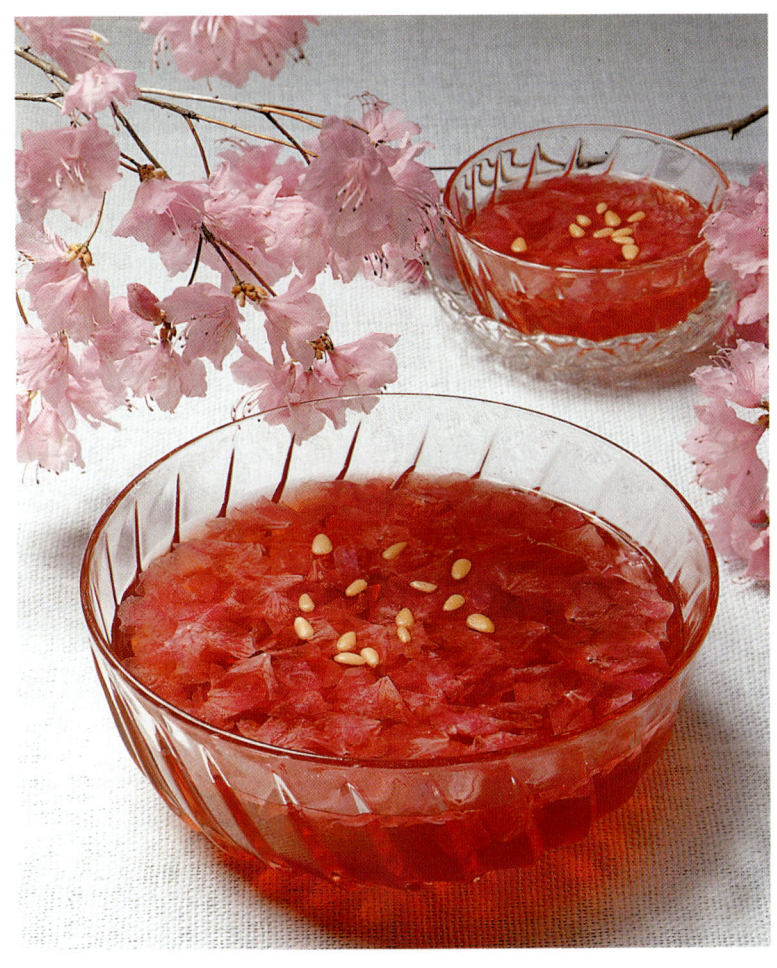

진달래 화채 이른봄에 피는 진달래꽃을 따다가 오미자 국물에 띄워서 만드는 화채
로 선조들의 풍류를 즐기는 멋이 깃든 시절식의 대표적인 전통 음료이다.

또한 산이나 들에서 나는 약재들을 음식에 적절히 혼합하여 건강을 보하는 약식동의(藥食同意)의 식생활 습관을 유지해 왔다. 전통 음료 역시 그 자체가 약이 되는 음식으로 맛과 영양이 우수한 순수 자연 기호 식품이다. 이는 단지 기호 식품에 지나지 않는 콜라, 사이다 등의 음료와는 달리 약이성(藥餌性) 효과를 겸하는 건강 음료이며 자연식인 것이 특징이다.

따라서 약식동의의 식생활을 하고자 한다면 단지 기호 식품인 음료보다는 우리의 자연에서 비롯된 전통 음료를 즐기는 것이 매우 바람직하다고 볼 수 있다.

우리나라의 전통 음료는 뜨겁게 마시는 음료와 차게 마시는 청량 음료로 구분할 수 있다. 차와 탕(湯)은 주로 뜨거운 음료에 속하며 청량 음료로는 식혜·수정과·수단(水團)·화채류·미수(米水) 등이 있다.

미수는 찹쌀이나 보리쌀, 콩 등을 쪄서 말려 볶은 뒤 가루로 만들어 꿀물에 타서 마시는 음료이다. 가루 상태로 저장하므로 저장성이 뛰어나 흉년 때 빈민들을 굶주림에서 벗어나도록 도와줬던 구황식(救荒食)과 주식으로 그리고 여행식으로도 이용되었다.

식혜는 쌀밥을 엿기름으로 당화시켜 단맛을 내는 음료이며 수정과는 생강, 계피를 달인 물에 설탕이나 꿀을 타고 곶감을 담가 무르게 한 음료이다.

이 밖에도 장(漿), 숙수(熟水), 갈수(渴水) 등이 있었으나 조선시대 후기부터 이러한 음료들이 명맥을 유지하지 못한 채 전래되지 않아 현재는 그 모습을 찾아볼 수가 없다. 따라서 이들 장, 숙수, 갈수의 제조는 『임원십육지(林園十六志)』에 기록된 음청류의 내용을 근거로 하여 현대인의 미각에 맞도록 재료의 분량을 조절하여 재현하였다.

전통 음료의 역사

　우리나라에서 물을 이용한 차 마시기가 대중화된 시기는 2세기 말부터라고 하며 신라시대에 이미 한국 고유의 차 마시기 풍속(飮茶風俗)이 형성되었다.

　우리나라의 청량 음료에 대한 최초의 기록은 『삼국사기(三國史記)』에서 찾아볼 수 있다. 김유신 장군이 출정(出征) 길에 자기 집 앞을 지나게 되었지만 병사들의 사기를 생각하여 지나친 뒤 한 병사를 시켜 집에 가서 장수(漿水)를 떠오라고 명령했다. 그는 병사가 떠온 장수의 맛을 보고는 '우리집 물맛이 전과 다를 바가 없으니 집안이 평안한 게로구나'라고 말한 뒤 출정했다. 여기서 언급된 장수는 곡물을 젖산 발효시킨 뒤 맑은 물을 첨가하여 만든 매우 찬 음료로 여겨지는데 이것으로 보아 매우 일찍부터 시원한 청량 음료를 즐겨 왔음을 알 수 있다.

　한편 『삼국유사(三國遺事)』에 의하면 수로왕이 왕후를 맞이하면서 왕후를 모시고 온 신하와 노비들에게 '난초로 만든 마실 것과 혜초로 만든 술을 주었다(給之蘭液蕙醑)'는 기록이 있다. 이때 난액(蘭液)은 난의 향을 이용한 음료였던 것으로 여겨지며, 혜초(蕙草)

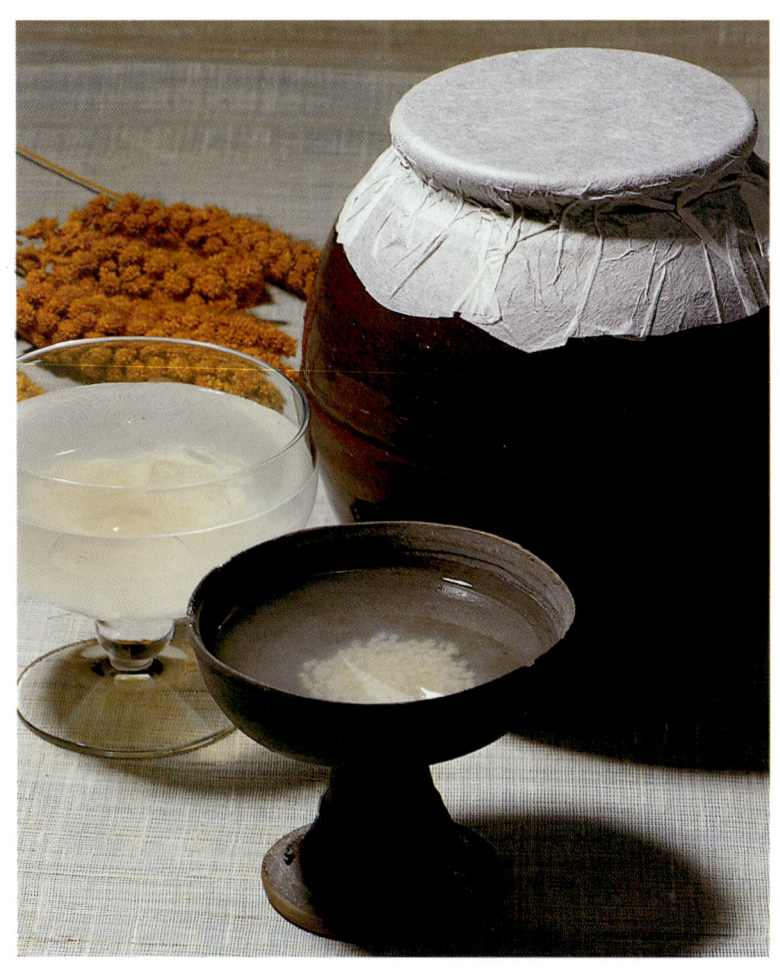

장수 김유신 장군이 출정 길에 마셨다고 기록되어 있는 장수는 젖산 발효 음료로 성질이 온화하고 맛은 달고 시며 목마른 것을 그치게 한다.

는 난초에 속하는 풀로 좋은 향내가 난다. 또한 이 책에는 '쌀 20두를 쪄서 말린 것으로 양식을 삼았다(蒸二十斗米 乃乾爲糧)'는 기록이 있는데 이것으로 보아 이미 미수 형태의 음료가 구황식, 저장식, 여행식 그리고 주식으로 이용되었을 것으로 추정할 수 있다.

이 밖에도 중국의 본초학(本草學)에 관한 서적에서 '신라에서는 박하잎을 말려 차로 마신다'와 '고구려에서 나는 오미자(五味子)가 살도 많고 시고 달아 매우 질이 좋다'라고 되어 있어 이것들이 중국에까지 알려질 정도로 널리 음료로 이용되었다는 것을 알 수 있다.

고려시대에는 우리나라 역사상 차 문화가 최전성기를 이루며 귀족과 서민 사회 모두에서 일반화되었다. 이 시기에는 국가적 대행사인 연등회와 팔관회를 위시하여 각종 제향(祭享) 및 연회에 진다례(進茶禮)와 함께 다과상이 성행하면서 병과류(餠菓類)와 음청류(飮淸類)도 매우 발달하게 되었다.

조선시대에는 차의 생산량이 감소하면서 차나무만을 이용한 음다(飮茶) 풍습이 다소 약해졌다. 그 대신 감잎차, 구기자차, 모과차, 국화차 등 대용차(代用茶)가 적극 개발되었고 약이성 효과가 있는 여러 향미성(香味性) 음청류가 크게 발달하였다.

조선 중기에 편찬된 한의학서인 『동의보감(東醫寶鑑)』에는 향약이성(鄕藥餌性) 재료를 이용한 음청류인 생맥산(生脈散), 사물탕(四物湯), 쌍화탕(雙和湯), 제호탕(醍醐湯) 등의 보양(補養) 음료가 소개되고 있다. 이 가운데 제호탕은 더위와 목마름을 풀어 주는 데 으뜸인 청량 음료로 인체의 기능이 저하되어 허해지는 여름철에 적합한 매우 합리적인 건강 음료이다.

19세기 초에 편찬된 『임원십육지』에는 음료를 다음과 같이 분류하여 소개하고 있다. 곡물을 젖산 발효시키거나 향약이성 재료에 꿀이나 설탕 등의 감미료를 넣고 끓인 장, 한약재나 과일즙을 농축시켜 마시거나 여기에 두즙(豆汁) 또는 누룩 등을 넣고 꿀과 함께 달여 마시는 갈수, 향약이성 재료를 끓여 마시거나 끓는 물에 향이 나는 재료를 넣어 밀봉하였다가 향이 우러난 뒤 마시는 숙수, 주로 향약(鄕藥)을 끓여 마시는 탕, 차나무잎으로 제조한 차 등이 있다. 그러나 현재 장, 갈수, 숙수 등은 거의 잊혀진 음료가 되고 말았다.

이 밖에도 대중화된 음료로 화채·미수·수단·식혜·수정과 등이 있다. 옛날 다과상에 늘 올랐던 후식 음료인 화채는 순조 29년(1829)에 제작된 『진작의궤(進爵儀軌)』에 처음으로 재료와 분량이 소개되었다.

또 19세기 말의 한글 조리서인 『시의전서(是議全書)』에는 장미 화채를 비롯해서 앵두 화채·두견 화채·복분자 화채·복숭아 화채 등 많은 종류의 화채가 그 조리법까지 자세하게 설명되어 있어 조선 후기에 이미 다양한 화채가 매우 대중화되었음을 알 수 있다.

장

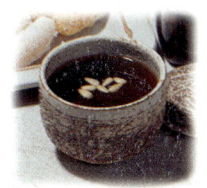

장은 밥이나 미음 등 곡물을 젖산 발효시켜 신맛을 내게 한 장수와 향약이성 재료나 곡물가루, 채소류 등을 감미료인 꿀이나 설탕 등에 넣어 숙성시키거나 오래 저장시켜 만든 음료를 말한다.

『삼국사기』와 『삼국유사』에 장수와 호장(壺漿:한 병의 장), 배장(杯漿:한 잔의 장) 등에 관한 내용이 수록되어 있으며, 송나라 사절의 한 사람인 서긍이 고려에 와 보고 들은 것을 적은 책인 『고려도경(高麗圖經)』에도 장이 나오고 있다. 조선시대에는 여러 문헌에 장수, 모과장, 매장, 여지장, 계장, 유자장 등이 그 제조법까지 상세히 기록되어 있다. 그러나 조선시대 말기부터 어느 문헌에도 전하지 않아 사라지고 말았다. 그 명칭과 제조법이 실려 있지 않고 전수되지도 않아 잊혀지게 된 것이다.

장수(漿水)

김유신 장군이 마셨다고 기록되어 있는 장수는 젖산 발효 음료로 성질이 온화하고 맛은 달고 시며 목마른 것을 그치게 한다. 음식에 체하여 토하고 설사가 심하게 나는 병인 곽란(癨亂)에 좋고, 정신을

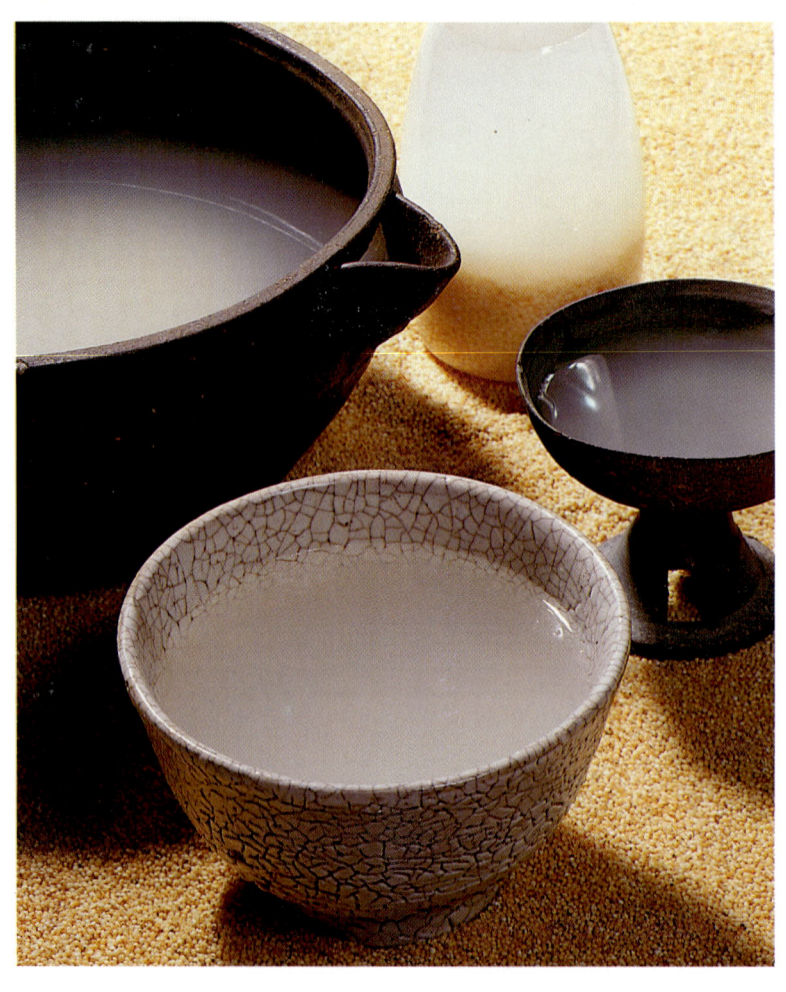

장수 곡물을 젖산 발효시켜 신맛을 낸 다음 차게 해서 마신다. 여름철에 신맛이 나기 시작하면 바로 마시는 것이 좋다.

맑게 하여 잠을 쫓아 버리는 효능이 있다고 한다.

재료 조밥 2컵, 물 10컵.

조(*Setaria italica*)는 벼과의 1년생 작물로 원산지는 동북 아시아이다. 오곡 중의 하나로 예로부터 구황 식물로 중요시되어 왔다. 팥과 섞어서 혼식하면 밥맛이 좋고 떡, 엿, 소주, 종곡, 견사용(絹絲用)의 풀, 새의 사료 등으로 이용되고 있다.

만드는 법 여기에서는 중국 6세기경의 농서(農書)인 『제민요술(濟民要術)』과 『임원십육지』의 제조법을 참고로 조리하였다.

메조밥을 고슬고슬하게 지어 뜨거울 때 냉수에 쏟아 붓고 밥알을 하나하나 풀어 항아리 속에 넣어 뚜껑을 덮어 둔다. 5~7일이 지나면 발효가 되어 신맛이 나는데 이것을 차게 하여 마신다. 여름철에 너무 시게 되면 사용하기에 적당하지 않기 때문에 신맛이 생성되면 바로 마시는 것이 좋다.

또 다른 제조 방법으로 더운물에다 생쌀을 담가서 발효시켜 만든 것을 미초(味酢)라고 하는데 냉장고가 없던 옛날에는 여름철에 이것을 우물 속에 넣어 얼음처럼 차게 해서 마셨다.

모과장(木瓜漿)

재료 모과 1개, 꿀 1컵 반, 생강즙 약간, 물 6컵.

모과(*Chaenomeles sinensis*)는 나무에 달리는 참외 비슷한 열매라 하여 목과(木瓜, 木果)라 쓰기도 하는데 '어물전 망신은 꼴뚜기가 시키고 과일전 망신은 모과가 시킨다'는 속담이 전해질 정도로 그 형태가 울퉁불퉁하다. 신맛이 강하고 단단하며 향기가 강한 열매로 가을에 노랗게 익는다. 예로부터 감기에 차로 끓여 마시면 좋다고 알려져 있다.

생강(生薑, *Zingiber officinale*)은 주로 남부 지방에서 재배되는

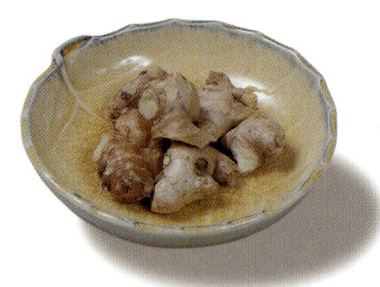

생강 방향성 식물로 주로 약재 및
식용 양념으로 쓰인다.

방향성(芳香性) 식물로 약재 및 식용 양념으로 쓰인다. 약간 따뜻한
성질을 가졌고 맛은 대단히 매우며 독이 없다. 오장에 들어가서 담
(痰)을 없애고 기(氣)를 내리고 구토를 그치게 한다. 또 몸을 따뜻
하게 하고 모든 음식을 중화시켜 준다.

　만드는 법　모과의 밑을 도려 씨를 빼내고 그 속에 꿀을 넣고
다시 뚜껑을 덮은 다음 대나무 꼬치로 고정시킨다. 이것을 시루에
넣어 쪄서 물러지면 사용했던 꿀은 버린다. 물러진 모과의 껍질은
깎아 버리고 따로 좋은 꿀 반 잔과 생강즙 약간을 넣어 골고루 섞
는다. 여기에 끓여서 식힌 물을 넣고 고루 저어 찌꺼기를 걸러 내고
병에 담아 시원한 곳에 두고 차게 해서 마신다.

　또 다른 방법으로 우선 모과 400그램을 껍질을 벗겨 가늘게 썰어
끓는 물을 부어서 즙을 낸다. 여기에 얇게 저민 생강을 설탕에 조려
말린 편강 40그램과 한방에서 용도가 가장 많은 약재인 감초 80그
램, 자소의 잎인 차조기 160그램, 소금 40그램을 더하여 쓸 때마다
조금씩 끓여 아주 차게 해서 마신다.

유자장(柚子漿)
　재료　유자 20개, 꿀(또는 백설탕) 1되.
　유자(柚子, *Citrus junos*)는 유자나무의 과실로 5월에 백색의 꽃이
피고 10월에 열매가 노랗게 익는다. 우리나라 남부 지방에서 많이

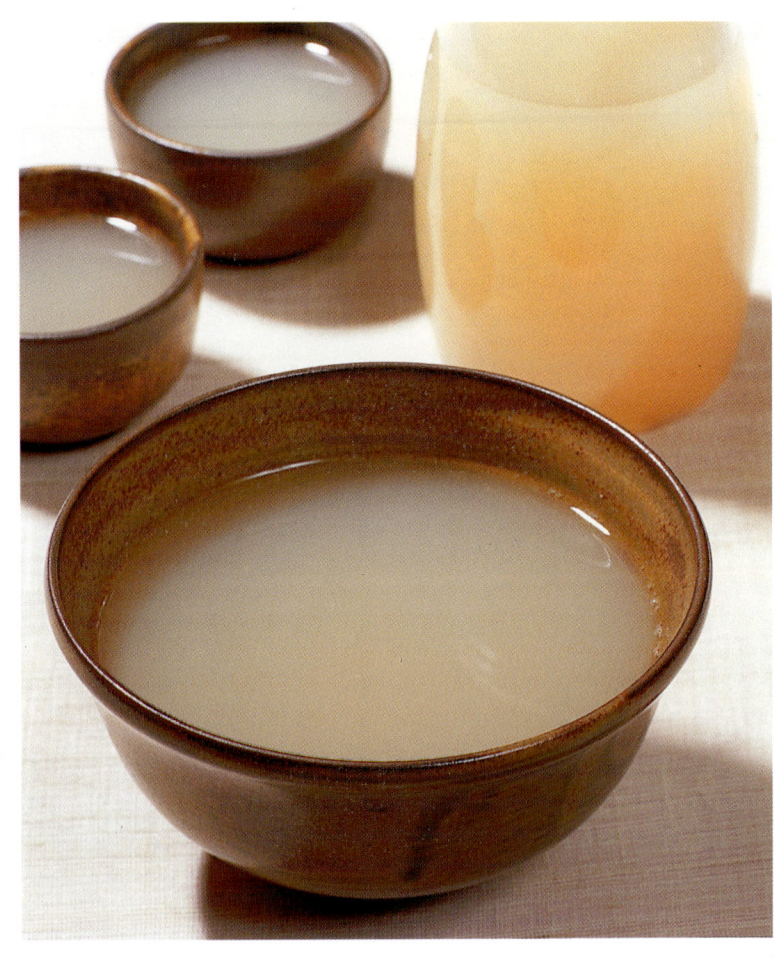

모과장 향이 강한 열매인 모과와 매운맛을 지닌 생강 그리고 꿀을 함께 섞어 만든
음료로 시원한 곳에 두고 차게 해서 마신다.

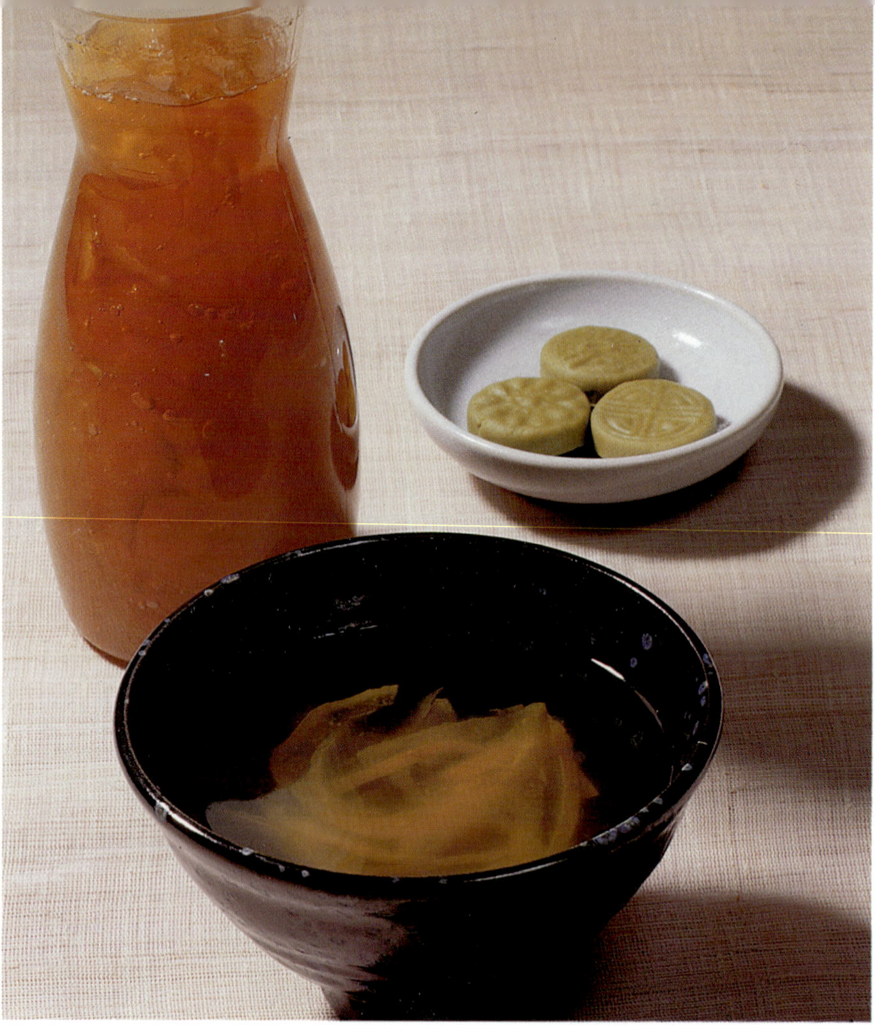

유자장 유자와 꿀을 함께 숙성시켜 만든 음료로
맛이 달고 향기로워 입안이 매우 상쾌하고 좋다.
여름철에 마시면 좋은 음료이다.(위)

유자청 유자의 겉껍질을 살짝 도려낸 뒤 껍질과
과육으로 나누어 채를 쳐 꿀이나 설탕에 재어 뜨
지 않게 눌러 둔 다음 2, 3주일이 지나면 맑은 유
자청을 얻을 수 있다.(오른쪽)

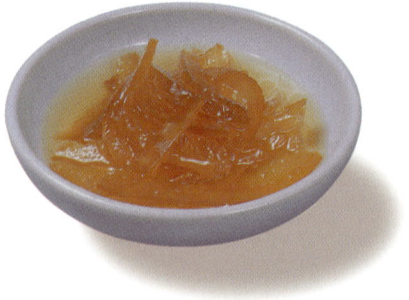

재배되며 추위에 비교적 강한 편이다.

유자의 성질은 차고 맛이 달고 시며 독이 없다. 위(胃)의 나쁜 기운을 없애며 주독(酒毒)을 풀어 주고, 술 마시는 사람의 구기(口氣)를 좋게 한다. 또 심장을 안전하게 해주며 식욕을 증진시킨다.

유자의 겉껍질을 살짝 도려낸 뒤 껍질과 과육으로 나누어 채를 쳐서 꿀이나 설탕에 재어 뜨지 않게 눌러 둔 다음 2, 3주일이 지나면 맑은 유자즙이 괴는데 이것을 유자청(柚子淸)이라고 하며 주로 차를 끓여 마신다. 또 유자를 곱게 다져 두텁떡과 단자 소로도 이용한다.

만드는 법 항아리에 백설탕이나 가장 좋은 벌꿀을 담고 그 속에 깨끗하게 손질한 생유자를 잘게 썰어 넣는다. 항아리 입구를 밀봉한 다음 찬 곳에 백여 일 동안 넣어 두었다가 꺼내면 꿀이 변하여 기름처럼 된다. 유자 찌꺼기를 걸러서 버리면 말갛게 되는데 이것을 병에 담아 두고 물 한 잔에 한 큰 숟가락씩을 타서 마시면 달고 향기로워 입안이 매우 상쾌하고 좋다. 유자장은 여름철에 마시는 것이 가장 좋다고 한다.

여지장(荔枝漿)

재료 계피 120그램, 정향 4~5개, 오약 200그램, 축사인 120그램, 생강즙 4분의 1컵, 설탕 4.5킬로그램.

계피(桂皮, *cinnamomum cassia*)는 계수나무의 얇은 껍질을 말하는데 회갈색이며 향기가 있다. 약재의 단면은 적자색이고 정유분(精油分)이 많아 짙은 향기가 나며 달고 약간 매운 것이 상품(上品)이다. 주로 중국 남부에서 자라는데 8~9월에 채취하여 그늘에서 건조시켜 조피(粗皮)를 제거하고 썰어서 사용한다.

성질은 열이 많고 맛은 달고 매우며 독이 약간 있다. 통혈(通血),

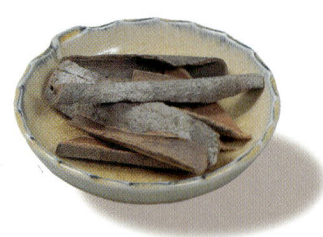

계피 계수나무의 얇은 껍질을 말하는 데 약재의 단면은 적자색이고 정유분이 많아 짙은 향기가 난다.

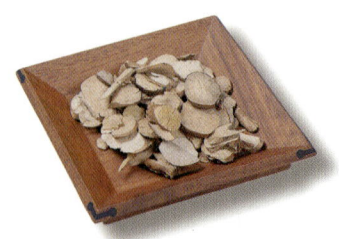

오약 오약나무의 뿌리를 말하며 햇볕에 말린 뒤 그대로 잘게 썰어 사용한다.

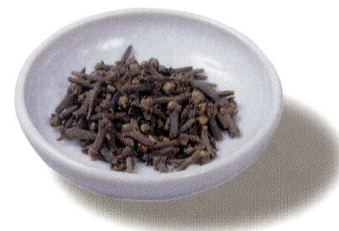

정향 정향나무의 꽃봉오리를 말린 약재로 그 형태가 못처럼 생기고 향기가 있어 정향(丁香)이라고 한다.

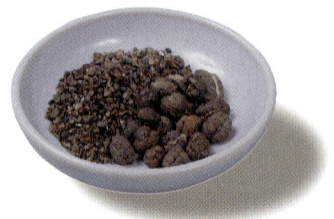

축사인 축사인의 열매로 식욕을 증진시키고 소화를 도우며 생선뼈를 잘 삭게 한다.

보혈(補血), 냉(冷)의 치료에 쓰인다.

　정향(丁香, *Eugenia caryophyllata*)은 정향나무의 꽃봉오리를 말린 약재이다. 꽃이 피기 전에 봉오리를 수집하여 말리는데 이 꽃봉오리의 형태가 못처럼 생기고 향기가 있어 정향이라고 한다.

　오약(烏藥, *Lindera strychnifolia*)은 오약나무의 뿌리를 말한다. 목질(木質)이며 겨울부터 이듬해 봄 사이에 채취하여 햇볕에 말린 다음 그대로 잘게 썰어 사용한다. 성질이 따뜻하고 맛은 매우며 독이 없다. 일체의 기를 순위(循氣)시키고 풍(風)을 예방하며 신경통에 좋다.

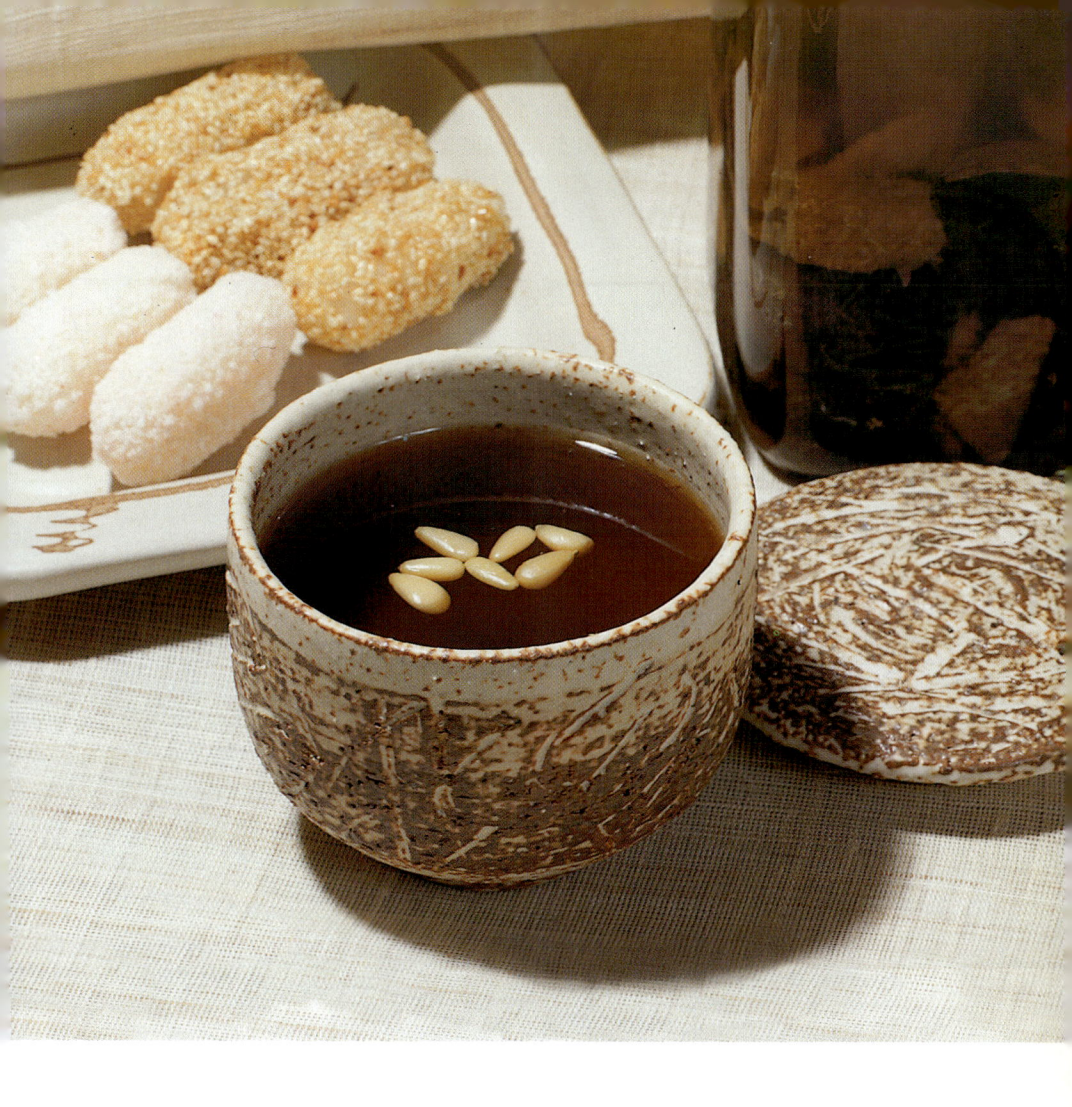

여지장 계피, 정향, 오약을 함께 달여 즙을 낸 다음 축사인즙, 생강즙, 설탕을 넣고
끓여 여과해서 마시는 음료이다.

축사인(縮砂仁, *Amomum xanthoides*)은 축사인의 열매로 사인이라고도 한다. 열대 지방에서 생산되며 종자를 그대로 분쇄하여 사용하거나 볶아서 분쇄한 뒤 사용한다. 따뜻한 성질이고 맛은 매우며 독이 없다. 식욕을 증진시키고 소화를 도우며 특히 생선뼈를 잘 삭게 한다.

만드는 법　계피와 정향과 오약을 물에 넣고 달여서 즙을 취한다. 그 다음 축사인을 으깨서 끓여 즙을 낸 것과 맑고 깨끗한 생강즙을 서로 섞고 설탕을 넣는다. 이것을 함께 도기나 유리 그릇에 넣고 끓여 여과해서 마신다.

매장(梅漿)

재료　매실 4킬로그램, 소금 400그램, 백두구 약간, 백단향 또는 자단향 약간, 물엿.

매실(梅實, *Prunus mume*)은 매화나무의 열매로 예로부터 약으로 사용되었고 신맛이 강하여 식초로도 쓰였다. 열매가 홍색으로 익기 전에 따서 소금에 절였다가 햇볕에 말린 것은 백매(白梅), 소금에 절이지 않고 볏짚을 태워 연기를 쐬면서 말린 것은 오매(烏梅)라 하여 약용하였다.

5, 6월경에 녹색의 미성숙한 과실을 채취하여 섭씨 40도 정도의 불에 쬐여 과육이 황갈색(60퍼센트 건조)으로 될 때 햇볕에 말리면 흑색으로 변한다. 성질이 고르고 맛은 시며 독이 없다. 갈증을 멎게 하고 특히 가슴 위를 덮게 한다.

백두구(白荳蔻, *Amomum cardamomum*)는 백두구의 열매를 말하며 익지 않았을 때는 푸른색을 띠지만 익으면 하얗게 된다. 7월에 채취해서 껍질을 제거하고 분쇄하여 사용한다. 매우 따뜻한 성질이고 맛은 매우며 독이 없다. 소화를 도우며 구토를 예방해 준다.

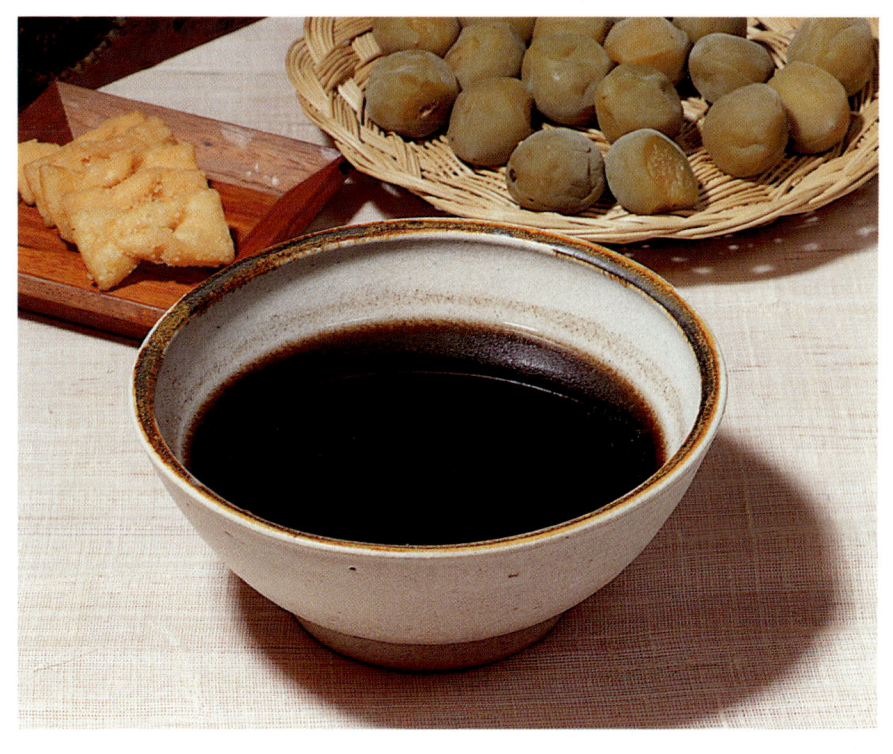

매장 매실, 백두구, 백단향 또는 자단향을 이용하여 만든 음료로 이것을 찬물에 타서 마시면 갈증이 풀린다.

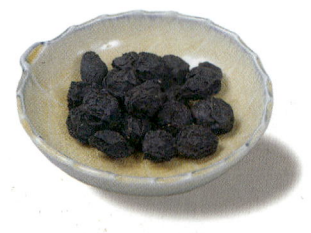

오매 5, 6월에 녹색의 미성숙한 매화나무의 과실을 채취하여 섭씨 40도 정도의 불에 쬐여 과육이 황갈색으로 될 때 햇볕에 말리면 이렇게 흑색으로 변한다.

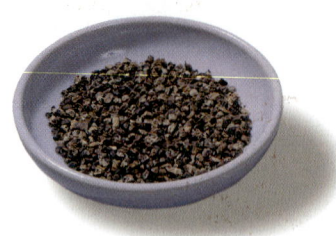

백두구 7월에 백두구의 열매를 채취해서 껍질을 제거하고 분쇄한 것으로 따뜻한 성질이고 맛은 매우며 독이 없다. 소화를 도우며 구토를 예방해 준다.

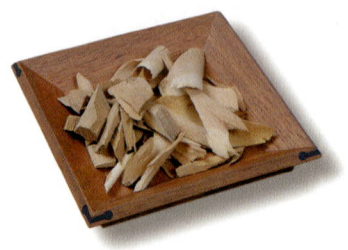

백단향 단향의 심재를 말하는데 담황색으로 질이 단단하고 치밀하며 광택이 있고 향기가 있다. 소화 기능을 다스리고 혈압을 내려 준다.

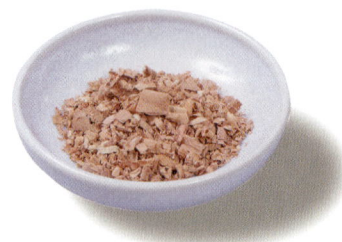

자단향 향나무의 목재를 말하며 성질이 따뜻하고 맛은 매우며 독이 없다. 중풍, 곽란, 심복통을 치료하는 데 좋다.

백단향(白檀香, *Santalum album*)은 상록 교목인 단향의 심재(心材 : 나무줄기의 중심부로 빛깔이 짙고 단단한 부분)로 중국 남부 등지에서 재배되며 약재는 담황색(淡黃色)이다. 질이 단단하고 치밀하며 광택이 있고 정유분이 많으며 향기가 짙은 것이 좋다. 연중 채취가 가능하며 짧게 잘라 알맞게 쪼갠 뒤 그늘에 말려서 잘게 썰어 사용한다. 성질이 따뜻하고 맛은 매우며 독이 없다. 소화 기능을 다스리고 혈압을 내려 준다.

자단향(紫檀香, *Juniperus chinensis*)은 일본, 중국, 우리나라 중남부 특히 강원도에 많이 나는 상록 침엽 교목(常綠針葉喬木)인 향나무의 목재를 말한다. 성질이 따뜻하고 맛은 매우며 독이 없고 악독(惡毒), 중풍(中風), 곽란, 심복통(心腹痛)을 치료하는 데 좋다.

만드는 법　잘 익은 매실을 푹 찐 뒤 씨를 제거하고 소금을 넣는다. 이것을 잘 저어서 한낮에 말린 뒤 흑홍색이 되면 여기에 백두구와 백단향 또는 자단향을 약간 넣고 엿이나 설탕을 타서 저장해 두었다가 찬물에 타서 마시면 갈증이 풀린다.

갈수

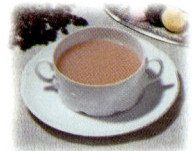

갈수는 농축된 과일즙에 한약재를 가루 내어 혼합하여 달이거나 한약재에 누룩 등을 넣어 꿀과 함께 달여 마시는 음료이다.

예로부터 목이 마를 때 먹는 물을 갈수라고 하였는데 약리 효과를 겸한 음료수이다. 『임원십육지』에서는 '갈수는 갈증이 심할 때 먹는 물을 말하며, 향이 있는 약이성 재료를 단 것에 담가 사용한 것이다'라고 설명하고 있다.

어방 갈수·임금 갈수·포도 갈수·향당 갈수·모과 갈수·오미 갈수 등이 있으나 최근까지 전해 내려오는 갈수는 전혀 없다. 임금 갈수·포도 갈수·모과 갈수 등은 1800년대에 이미 농축된 과일즙 가공법이 발달하였음을 보여 주는 대표적인 예이다.

여기에서는 『임원십육지』의 제조법을 토대로 재현해 보았다.

어방 갈수(御方渴水)

어방 갈수는 재료가 다양하고 만드는 법이 매우 까다로워 귀한 음료로 알려져 있다.

재료 관계 20그램, 정향 20그램, 괴화 20그램, 백두구 20그램, 축

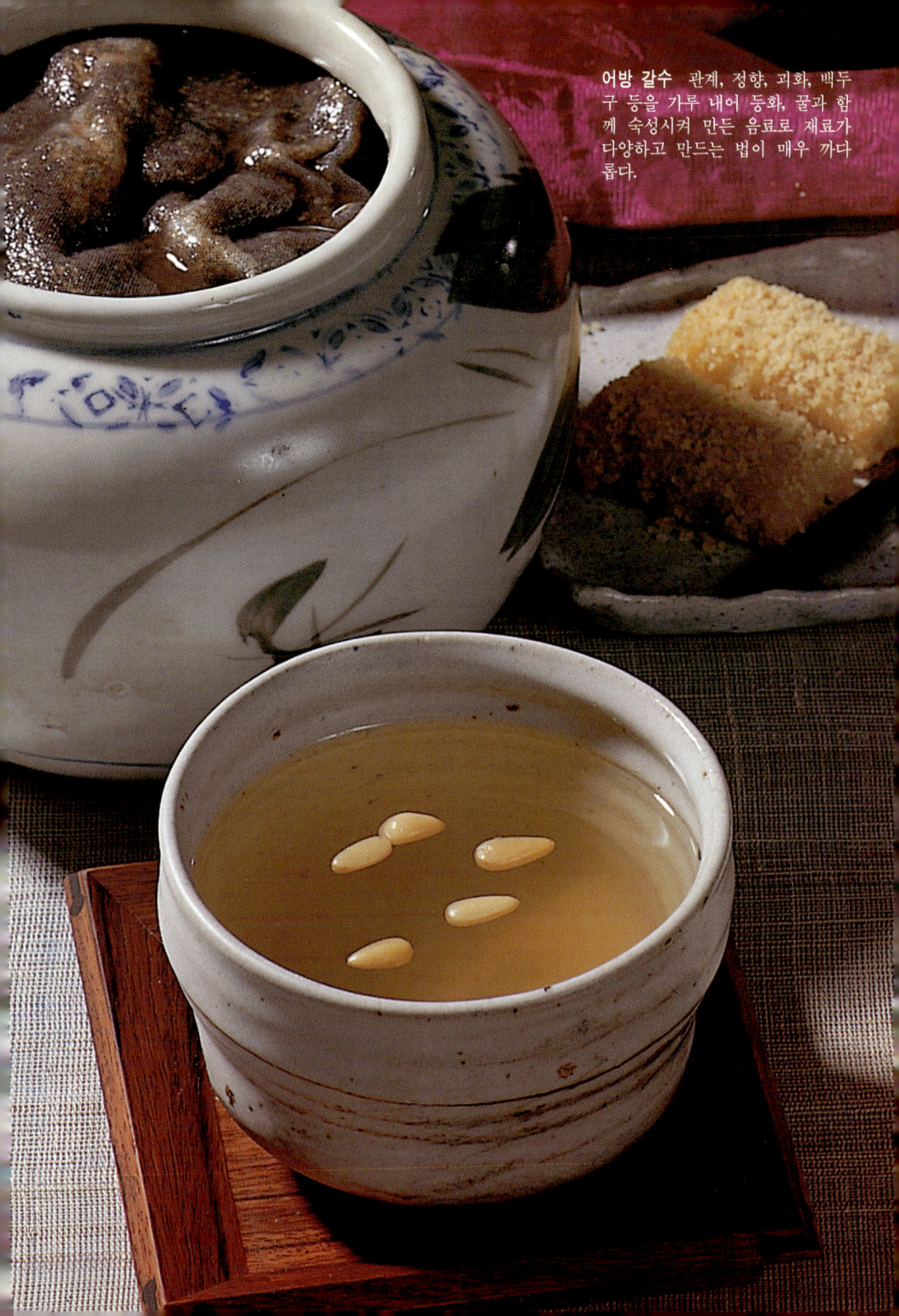

어방 갈수 관계, 정향, 괴화, 백두
구 등을 가루 내어 등화, 꿀과 함
께 숙성시켜 만든 음료로 재료가
다양하고 만드는 법이 매우 까다
롭다.

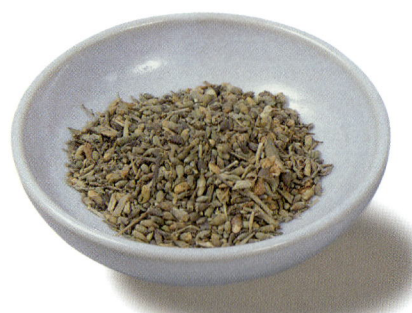

괴화 회화나무의 꽃을 말하는데 지혈, 치질, 고혈압 등에 좋고 동맥 경화의 약재로 이용된다.

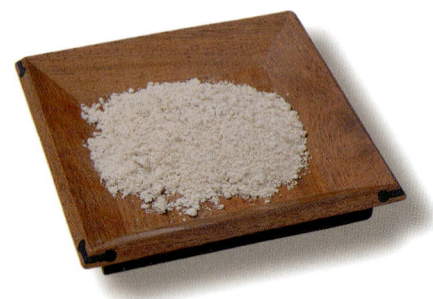

누룩가루 분쇄한 밀이나 쌀, 밀기울 등을 반죽하여 적당한 온도에서 숙성시켜 만든다. 소화를 돕고 혈압을 조절해 주며 가래를 삭혀 준다.

사인 20그램, 누룩 160그램, 엿기름 160그램, 등화(藤花) 200그램, 꿀 4킬로그램, 물 24리터.

계수나무의 두꺼운 껍질을 육계(肉桂)라 하며 그 가운데 가장 품질이 좋은 것을 관계(官桂)라 한다.

괴화(槐花, *Sophora japonica*)는 회화나무의 꽃을 말한다. 회화나무는 콩과의 낙엽 활엽 교목으로 회나무, 괴나무라고도 하며 열매는 괴각이나 괴실, 꽃이 맺힌 봉오리는 괴미라고 한다. 지혈, 치질, 고혈압 및 동맥 경화의 약재로 이용된다. 어린잎은 식용하고 차로도 쓴다.

누룩은 술을 만드는 효소를 지닌 곰팡이를 곡류에 번식시킨 것으로 분쇄한 밀이나 쌀, 밀기울 등을 반죽하여 모양을 만들고 적당한 온도에서 숙성시키면 된다. 소화를 돕고 혈압을 조절해 주며 가래를 삭혀 준다.

맥아(麥芽, 엿기름, *Hordeum vulgare*)는 성질이 약간 따뜻하고 맛은 달다. 맥아의 효소인 α, β-amylase는 강력한 소화 효소로 위를 다스리는 효과가 있다.

만드는 법 관계, 정향, 괴화, 백두구, 축사인, 누룩, 엿기름을 각각 고운 가루로 만들어 둔다. 따로 등화와 꿀을 함께 넣고 물을 부어 졸인 다음 그 즙의 3분의 2를 고운 천에 밭쳐서 되도록이면 주둥이가 작은 단지에 담아 둔다.

고운 천 자루에 앞의 7가지 가루를 담아 단지에 넣고 병 주둥이를 봉한다. 여름에는 5일, 봄·가을에는 7일, 겨울에는 10일이면 숙성된다. 봄·가을에는 따뜻하게, 겨울에는 뜨겁게, 여름에는 차게 해서 먹는다.

임금 갈수(林檎渴水)

재료 임금 10개, 단말향 약간, 정향 약간.

임금(林檎, *Malus pumila* var. *domestica*)은 우리나라 야생의 능금나무에서 나는 열매로 사과보다 작고 맛이 덜하다. 우리 선조들이 가꾸어 온 재래종의 특산 과수로서 우리 고유의 참사과라 할 수 있다. 주로 주스, 잼, 사과주, 사과초, 애플 파이 등을 만드는 데 이용한다. 성질은 덥고 맛이 달고 시며 독이 없다. 목이 쉬 말라 물을 자주 마시게 되는 소갈증(消渴症)과 곽란의 복통을 치료하고 담을 없애 주며 이질을 그치게 한다. 하지만 위산 과다증 환자는 복용을 금하는 것이 좋다.

만드는 법 약간 덜 익은 임금을 부수어서 푹 찐 다음 대광주리

에 담아 부순다. 부숴진 임금을 헤쳐 약간의 물을 부어 찌꺼기가
아무 맛이 나지 않을 때까지 즙을 낸다. 이것을 약한 불에서 달이
되 잘 저어 눌어붙지 않게 한다. 또 달이는 동안 불이 꺼져서는 안
된다. 임금즙을 물에 떨어뜨려 풀어지지 않을 정도가 될 때 단말향
과 정향가루를 조금 넣으면 맛이 더욱 좋아진다. 이것을 저장해 두
고 기호에 맞게 꿀이나 설탕을 타서 마신다

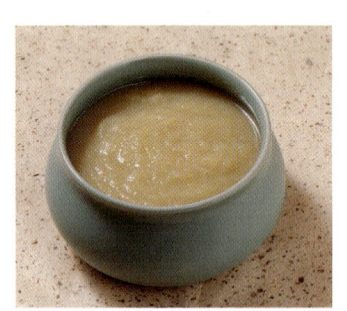
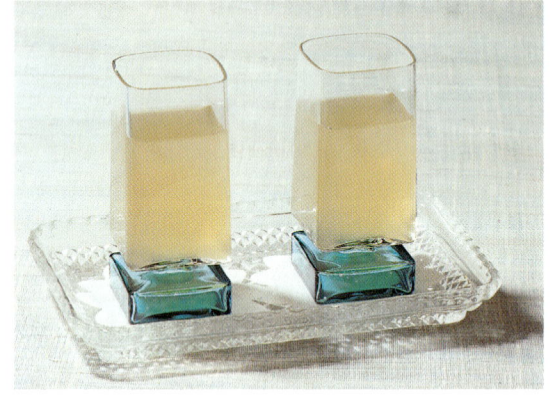

임금 갈수　우리나라 야생의 능금나무에서 나는 열매인 임금과 단말향, 정향가루를
졸여서 농축시켜 두었다가 찬물에 타서 마신다.

포도 갈수(葡萄渴水)
　재료　생포도 5근, 단향·꿀 약간.
　포도(葡萄, *Vitis vinifera*)나무는 낙엽성 덩굴 식물로 향미가 좋고
육즙이 풍부하여 널리 이용되는 과일이다. 일찍부터 술을 담그는
데 이용되어 왔으며 그 형태상의 특징으로 다산(多産)의 상징물로
여겨졌다.

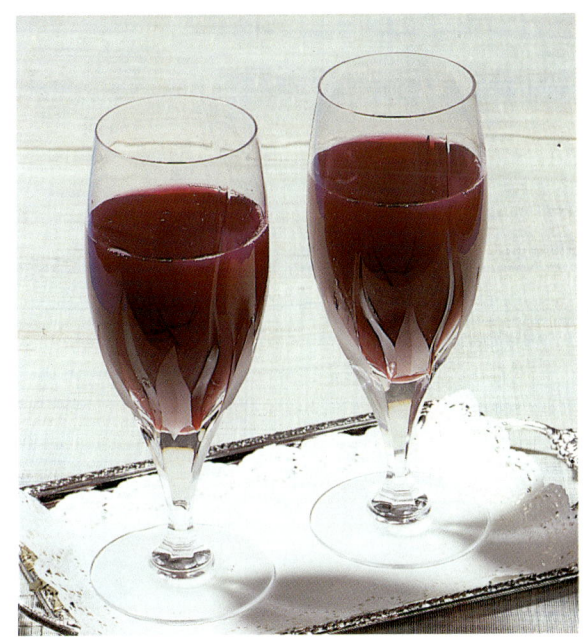
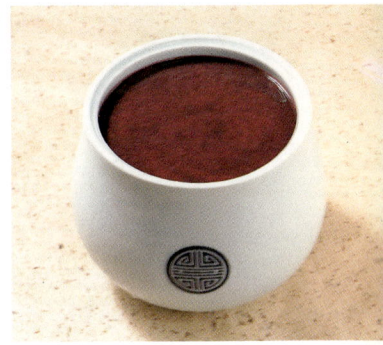

포도 갈수 생포도를 찧어 거른 다음 약한 불로 짙은 포도빛이 될 때까지 졸이다가 꺼내서 그릇에 담아 저장해 두고 찬물에 타서 마신다.

꽃은 5, 6월에 피고 열매는 8~10월에 익는다. 열매의 크기와 형태, 과피의 색이 다양하며 단맛과 신맛이 있고 식용한다. 성질이 고르고 맛은 달고 시며 독이 없다. 소변을 잘 통하게 하며 피를 맑게 해주고 저혈압인 사람에게 좋다.

만드는 법 덜 익은 생포도를 양에 관계없이 찧어 거른 다음 찌꺼기를 버려 맑게 한다. 약한 불로 끓이되 짙은 포도빛이 될 때까지 졸이다가 꺼내서 깨끗한 사기나 유리 그릇에 담아 저장해 두고 찬물에 타서 마신다. 달일 때는 절대 금속 용기를 쓰지 말아야 하며 익은 포도는 쓰지 않는다. 다만 술을 만들 때에는 고아 놓은 좋은 꿀과 단향가루를 약간 어림하여 넣는다.

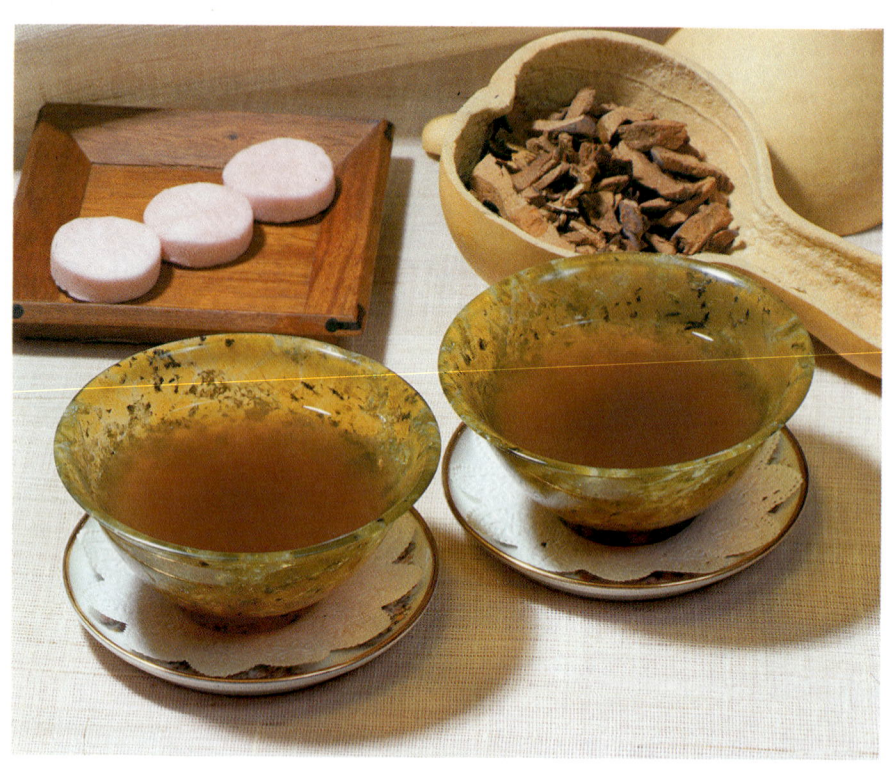

모과 갈수 모과의 신맛과 꿀의 단맛을 적당하게 조절하며 함께 달인 음료이다. 위
사진에서 표주박 안에 담겨 있는 것이 마른 모과로 몸의 냉을 풀어 주고 신경통, 요
통에 좋은 약재이다.

모과 갈수(木瓜渴水)

재료 모과육 400그램, 꿀 1.6킬로그램, 물 6컵.

모과는 주로 10월에 성숙한 열매를 채취하여 알맞게 썰어 햇볕에 말리거나 끓는 물에 5~10분 동안 담갔다가 꺼내 외피를 벗기고 4등분 해서 사용한다. 성질이 따뜻하고 맛은 시며 독이 없다. 우리 몸의 냉을 풀어 주고 요통, 신경통에 좋다.

만드는 법 모과는 많고 적음을 따지지 않고 껍질과 씨를 제거한 다음 깨끗한 과육 1근을 취하여 그것을 기준으로 한다. 사방 한 치 정도로 잘라 두고 크고 얇은 조각을 먼저 쓴다. 꿀을 사기나 은그릇에 담아 뭉근한 불에 졸여 여과한다. 그 다음에 모과 조각을 넣어 다시 함께 달이는데 거품이 생길 때마다 걷어 낸다. 맛을 보아 신맛이 나면 꿀을 첨가하여 단맛과 신맛이 적당하게 한다. 달이는 농도는 꿀물이 실같이 떨어지지 않을 정도면 된다.

오미 갈수(五味渴水)

재료 오미자육 2컵, 녹두 1컵, 물 1.8리터, 꿀.

오미자(五味子, *Schizandra chinensis*)는 산골짜기에서 군종(群種)을 이루며 자라는 식물로 우리나라 중북부 지방에 분포한다. 오미자 열매는 이삭처럼 늘어져 열리는데 빨갛게 익는다. 9, 10월 짙은 다홍빛의 열매를 채취하여 햇볕에 말린다.

성질이 따뜻하고 껍질과 살은 달고 시며 씨 속은 맵고 쓰고 짜다. 이처럼 다섯 가지 맛이 갖추어진 것이기 때문에 오미자라고 한다. 그 가운데에서도 신맛이 가장 강하다.

몸에 수분이 부족할 때 먹으면 좋고 기관지를 보호하며 기침을 멎게 하는 진해제(鎭咳劑) 작용을 한다. 그러나 위산이 많은 사람은 복용을 삼가는 것이 좋다.

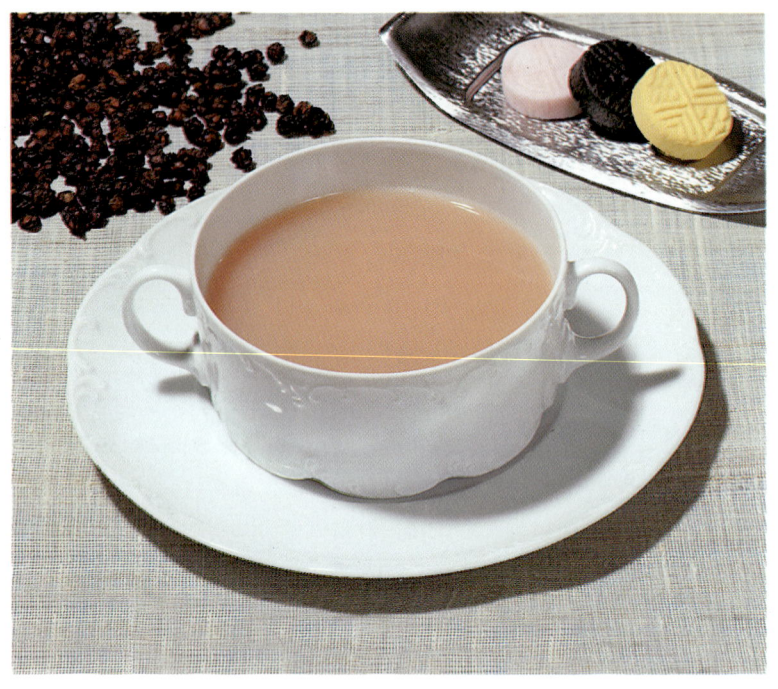

오미 갈수　오미자 국물과 녹두즙을 각각 따로 만들어 섞은 다음 여기에 꿀을 넣어 신맛과 단맛이 적당하게 될 때까지 뭉근한 불에 달이면 분홍빛의 오미 갈수가 된다.

　녹말가루는 봄에 나뭇잎이 나기 전에 만들어야 삭지 않고 양이 많이 난다.

　녹두(綠豆, *Phaseolus radiatus*)를 물에 담가 껍질을 벗겨 맷돌에 곱게 간다. 이것을 체에 쳐서 고운 사(絲) 주머니에 넣고 주물러 짠다. 맑은 물이 나올 때까지 물을 부어 짜서 앙금을 가라앉힌다. 물을 여러 번 갈면서 우려내야 빛이 깨끗하고 좋다. 하얗게 우러나면 물을 따라 버리고 깨끗한 흰 보자기를 접어서 얹고, 그 위에 재를 보자기에 싸서 놓아 두면 남은 물기를 빨아들인다.

녹두 녹말 만드는 과정

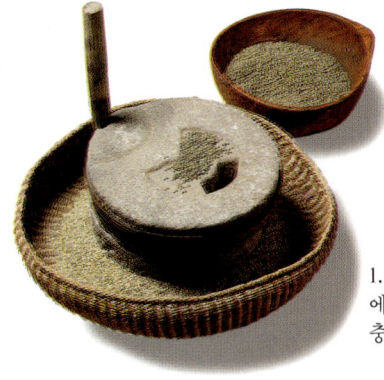

1. 녹두를 맷돌에 타서 물에 충분히 불린다.

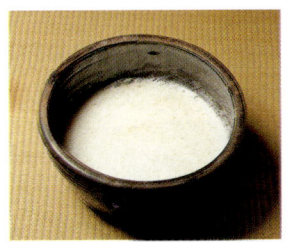

2. 불린 녹두를 껍질을 없애고 맷돌에 곱게 갈아 고운 사(紗)주머니에 넣어 맑은 물이 나올 때까지 주물러 짠다.

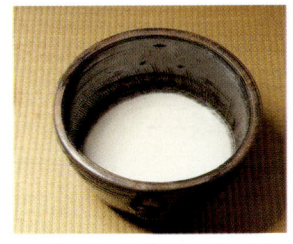

3. 앙금이 가라앉은 뒤 맑은 물을 경사법으로 하여 3, 4번 갈아 주고 하얗게 우러나면 웃물을 따라낸다

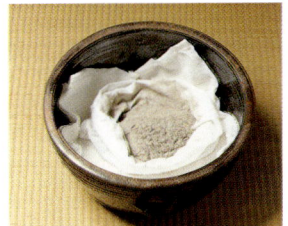

4. 두 겹 주머니에 재를 담아 한지를 깐 앙금 위에 놓아 물기를 빨아들이게 한다.

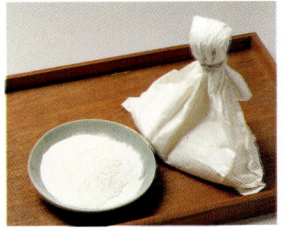

5. 물기를 제거한 앙금을 그늘에서 말려 고운 체에 쳐서 봉지에 담아 보관한다.

그 다음 채반 같은 것에 한지를 깔고 한 숟갈씩 떠 놓아 말린다. 거의 마르면 고운 체로 쳐서 가루로 만들어 따뜻한 방에서 바싹 말려 한지 봉지에 넣어 사용한다.

녹두 녹말은 청포묵, 녹말편, 어선, 창면, 진달래 화채 등을 만들 때에 쓴다. 녹두 녹말은 성질이 차갑고 맛은 달고 독이 없다. 기를 더해 주며 주독이나 약독을 해독시키는 작용을 한다.

만드는 법 북쪽 지방에서 나는 오미자를 선택하여 티를 제거한 뒤 따뜻한 물에 하룻밤 담가 두었다가 여과하여 그 즙을 취한다. 녹두도 갈아서 즙을 받아 오미자 국물과 같은 분량이 되도록 하여 얼굴색처럼 화사하고 발그레한 색이 되게 한다. 여기에 같은 분량의 꿀을 함께 넣고 끓여서 신맛과 단맛이 적당하게 될 때까지 뭉근한 불에 한 시간 정도 달인 다음 저장해 둔다. 매번 찬물이나 끓는 물에 타서 마신다.

숙수

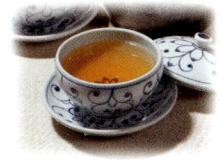

숙수는 향약초를 달여 만든 음료를 말한다. 꽃이나 차조기잎 등을 끓는 물에 넣고 그 향기를 우려 마시는 것과 한약재 가루에 꿀과 물을 섞어 끓여 마시는 것이 있다. 대표적으로 자소 숙수·정향 숙수·양간 숙수·두구 숙수·침향 숙수·향화 숙수·율추 숙수 등이 있다.

중국의 송나라 사람들이 음료 중에서 가장 숭상하는 것이 숙수이며 그 중 제일로 삼은 것이 자소 숙수이다. 우리나라에서도 고려 때 숙수를 병에 넣고 다니면서 마셨다는 기록이 있다.

오래 묵은 모과나 자소 등으로 숙수를 만들 때는 불에 약간 구워 낸 다음 만드는 것이 향미가 훨씬 좋다고 한다. 이것은 가열하는 동안 여러 가지 향미 성분이 생성되어 향과 맛이 한층 더 상승되기 때문이다.

우리나라에서는 예로부터 밥을 지을 때 솥 안쪽 바닥에 밥을 눋게 한 뒤 물을 부어 한 번 끓여 낸 숭늉을 숙수라고 했는데 구수한 맛이 있어 요즘도 식사 후에 많은 사람들이 즐겨 마신다. 반탕(飯湯), 취탕(炊湯)이라고도 한다.

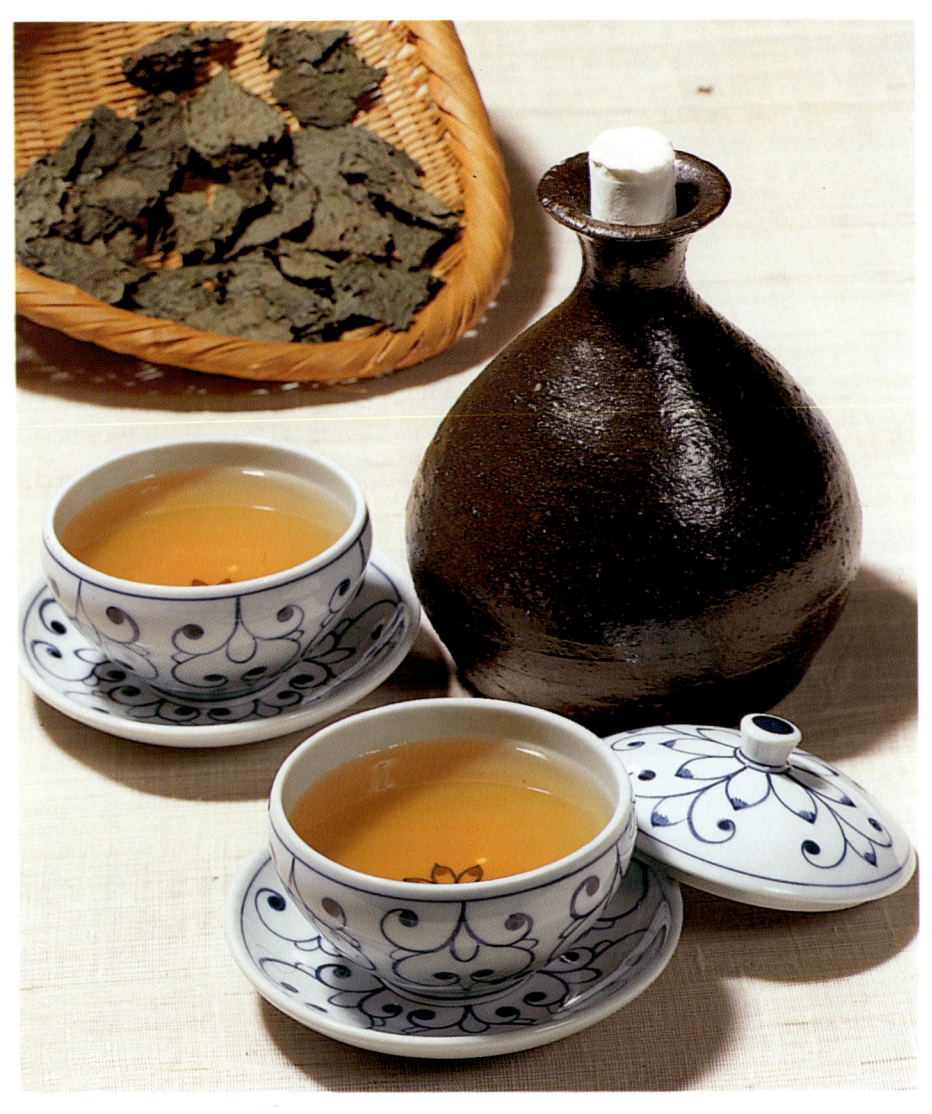

자소 숙수 차조기잎을 불에 구운 다음 끓는 물에 넣고 그 향기를 우려 마시는 음료
로 뜨겁게 해서 마시면 좋다.

자소 숙수(紫蘇熟水)

자소 숙수는 뜨겁게 해서 마시는 것이 좋으며 차가운 것은 해롭다고 『임원십육지』에 기록되어 있다.

재료 차조기잎 20장, 끓는 물 7컵.

차조기잎(紫蘇葉, *Perilla frutescens var. crispa*)은 1년생 풀인 자소의 잎으로 자색이나 녹자색이다. 잎이 녹색인 것을 백소엽 또는 소엽이라 하는데 효력이 다소 떨어진다. 전국의 들에 자라며 재배도 한다. 7~9월경 꽃이 필 때 가지와 잎이 무성한 것을 채취하여 그늘에서 말린다.

성질이 따뜻하고 맛은 매우며 독이 없다. 감기, 해열, 신경통에 좋고 가슴이 답답한 울증(鬱症)을 해소하며 소화를 돕는다. 또 진정 및 진통제로도 쓰인다.

만드는 법 차조기잎을 양에 관계없이 종이에 싸서 불에 굽는데 뒤집거나 움직이지 말고 향기가 날 때까지 기다린다. 끓는 물을 병 속에 담고 거기에 구운 차조기잎을 넣어 병 주둥이를 밀봉하였다가 향과 색이 우러나면 걸러서 마신다.

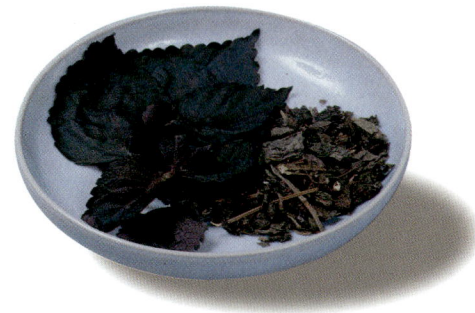

차조기잎 1년생 풀인 자소의 잎으로 7~9월경 꽃이 필 때 채취하여 그늘에서 말린다. 감기, 해열, 신경통 등에 좋다.

정향 숙수(丁香熟水)

재료 정향 5알, 죽엽 7쪽, 물 3컵.

정향나무는 상록 교목으로 10미터까지 자라며 꽃봉오리는 9월에서 다음해 3월 사이에 채취하여 햇볕에 말린 뒤 사용한다. 정향나무의 건조한 꽃봉오리는 1.5~2센티미터의 길이로 갈색 또는 암갈색을 띠며 강한 향기와 매운맛을 가진다. 성질이 따뜻하고 독이 없다. 소화 작용을 돕고 생선 비린내 같은 역겨운 냄새를 제거한다.

죽엽(竹葉, *Phyllostachys nigra* var. *henonis*)은 솜대의 잎이다. 대나무에는 여러 종류가 있는데 약용으로는 주로 왕대나 솜대가 쓰인다. 솜대는 담록색이고 겉에 솜처럼 보이는 흰 반점이 있다. 성질이 차고 맛은 달며 독이 없다. 심장을 안정시켜 주며 신경성 소화 불량에 쓰인다. 그러나 몸이 냉한 사람은 금하는 것이 좋다.

만드는 법 정향과 죽엽을 구워서 끓는 물에 달여 병에 담고 밀봉하여 향과 색이 우러나면 마신다.

침향 숙수(沈香熟水)

재료 침향 2큰술, 끓는 물 5컵.

침향(沈香, *Aquilaria agallocha*)은 견실하고 단단하며 물에 담갔을 때 가라앉기 때문에 침향이라고 한다. 침향나무의 진인 수지(樹脂)가 많이 들어 있는 목재로 향기가 높고 은은하다. 약용 목재는 직경이 30센티미터 이상 되는 큰 나무를 이용하여 지상에서 1.5미터 정도의 높이에 3, 4센티미터 정도의 상처를 일부러 내거나 또는 벌레가 상처를 내 목질부의 수지가 분비되면 수년이 지난 뒤 흑갈색으로 변했을 때 채취하여 사용한다. 성질이 덥고 맛은 매우며 독이 없다. 위를 덥게 하여 구토를 다스리고 심장을 편하게 하여 불안감을 없애고 진정시켜 준다. 또 신장 기능을 북돋운다.

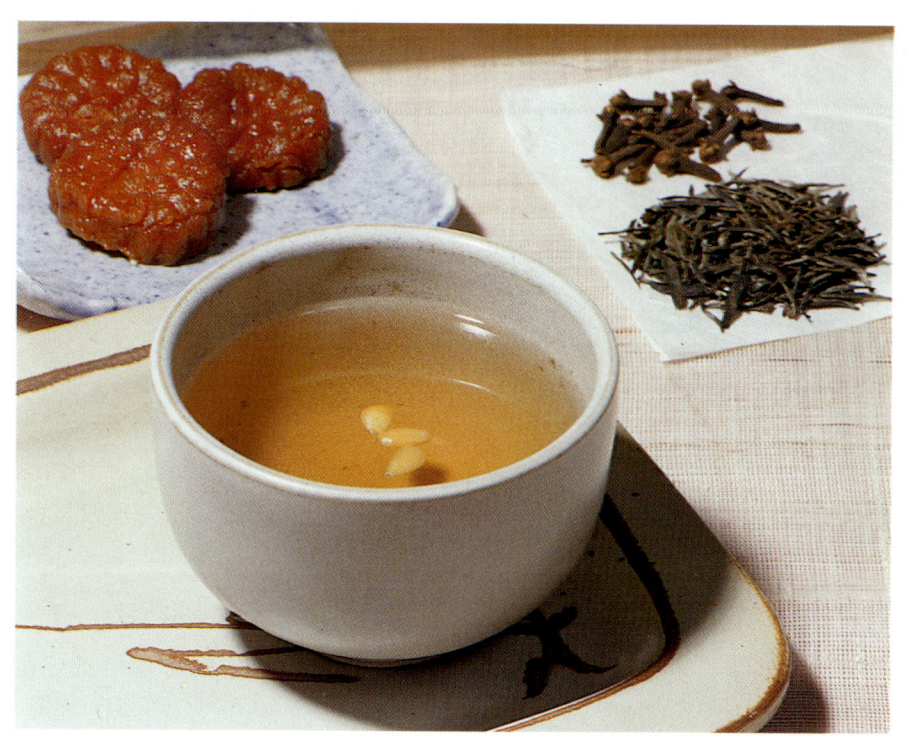

정향 숙수 정향(오른쪽 맨 위)과 죽엽(오른쪽 위)을 구워서 끓는 물에 달여 병에 담고 밀봉하여 향과 색을 우려낸 음료이다. 정향은 강한 향기와 매운맛을 지니고 있으며 소화 작용을 돕는다. 죽엽은 성질이 차고 맛은 달며 신경성 소화 불량에 좋다.

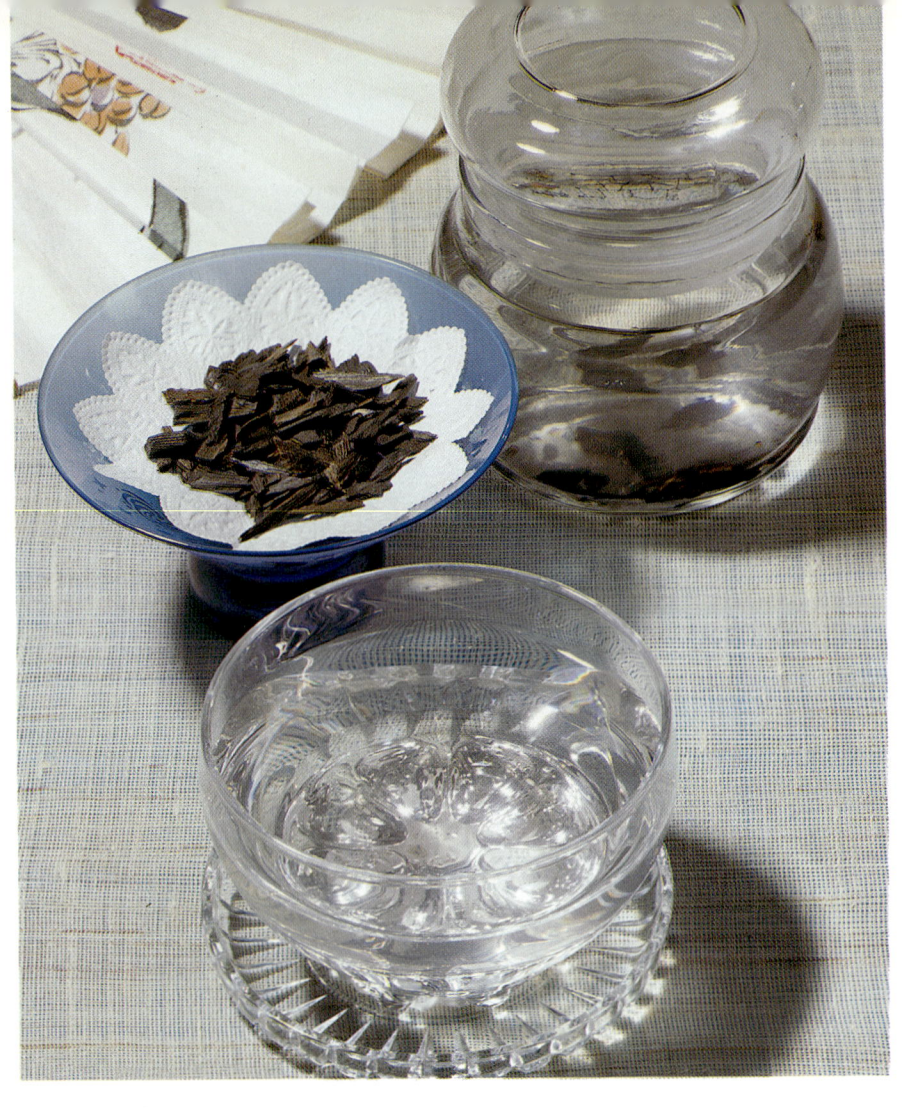

침향 숙수 침향을 불에 달군 기와 조각에 구워 병에 담고 끓는 물을 넣어 향을 우려
낸 음료이다. 침향은 위를 따뜻하게 하여 구토를 다스리고 신장 기능을 북돋운다.

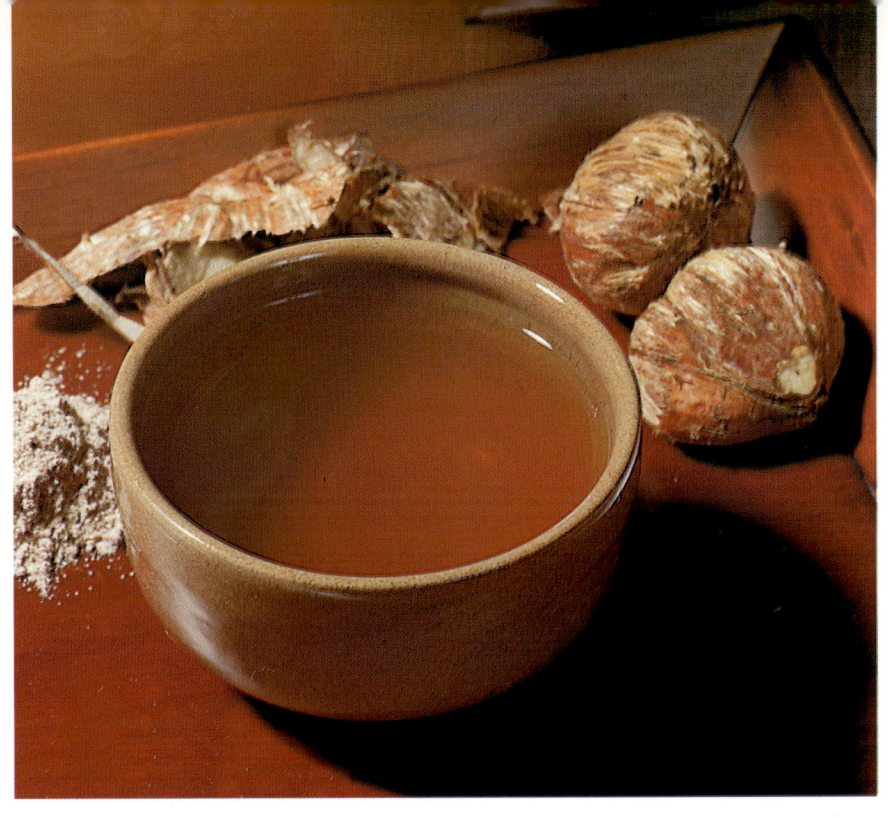

율추 숙수 깨끗이 씻은 율추(밤의 속껍질) 3~5개를 물 한 잔에 넣고 끓인 뒤 속껍질은 버리고 그 물을 마신다. 버려지는 식품을 이용하는 선조들의 검소함이 돋보이는 음료이다.

만드는 법 깨끗한 기와 조각을 아궁이 불에 구워 약간 붉은빛이 날 정도가 되면 평평한 땅 위에 놓는다. 침향 작은 조각 하나를 달군 기와에서 구워 병에 담고 빨리 끓는 물을 쏟아 붓고 마개를 꼭 닫아 두었다가 향이 충분히 우러나면 마신다. 침향 외에 단향이나 속향 등을 가지고 숙수를 만들어도 좋다.

율추 숙수(栗皺熟水)

옛날 궁중에서는 먹을 수 없어 버리게 된 율추를 모아 두었다가 율추 숙수를 끓여 즐겨 마셨다고 한다. 따라서 율추 숙수는 버려지는 식품을 이용하는 검소함이 돋보이는 음료이다.

재료 율추 1큰술, 물 3컵.

율추(栗皺, *Castanea crenata*)는 밤의 속껍질을 말한다. 꿀에 섞어서 얼굴에 바르면 주름살이 펴진다고 한다.

만드는 법 깨끗이 씻은 밤 3~5개의 속껍질을 깎아 모아서 물 한 잔에 넣고 끓인 뒤 속껍질은 버리고 그 물을 마신다. 또 다른 방법은 밤의 속껍질을 곱게 갈아 물을 넣고 20~30분 동안 끓여 체에 쳐서 걸러 낸 다음 그 물을 마신다.

탕

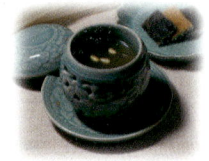

향약초를 써서 끓여 마시는 열탕(熱湯)을 모두 탕(湯)이라고 한다. 곧 탕은 꽃이나 과일 말린 것을 물에 담그거나 끓여 마시는 것과 한약재를 가루 내어 끓이거나 오랫동안 졸였다가 고(膏)를 만들어 저장해 두고 타서 마시는 음료를 말한다.

『임원십육지』에는 '구기자차, 국화차, 모과차, 오과차, 귤강차 등은 사람에게 유익한 재료를 끓여서 마시는 것으로 이들 모두가 차의 이름을 지니고 있지만 실제로는 탕에 속하는 것이다'라고 기록되어 있다.

습조탕(濕棗湯)

재료 대추 고은 즙 4컵, 생강즙 3큰술, 꿀 1컵, 사향 아주 조금.

대추[大棗, *Zizyphus jujuba* var. *inermis*]는 대추나무의 열매로 9, 10월에 성숙한 열매를 채취하여 햇볕에 말린다. 그 색이 붉어 홍조(紅棗)라고 하는데 찬이슬을 맞고 건조한 것이 양질의 대추가 된다. 성질이 고르고 맛은 달며 독이 없다. 속을 편하게 하고 오장을 보하며 장의 변을 조절하고 모든 약을 중화시킨다.

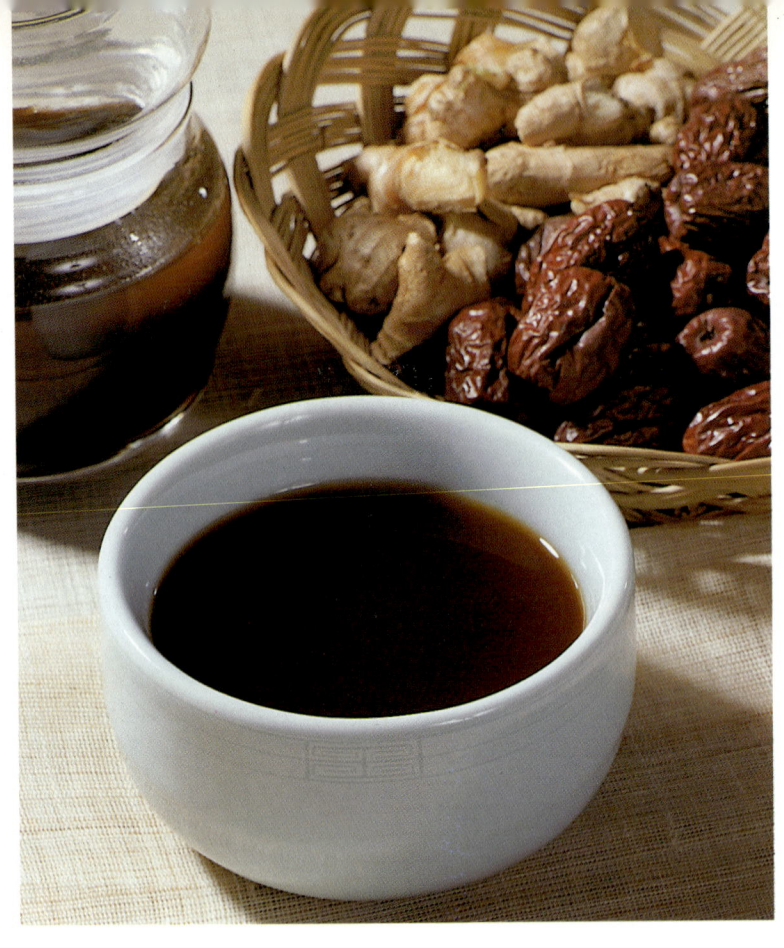

습조탕 대추즙, 생강즙, 꿀을 고루 섞은 다음 천연 동물성 향료인 사향을 조금 넣어
만든 음료이다.

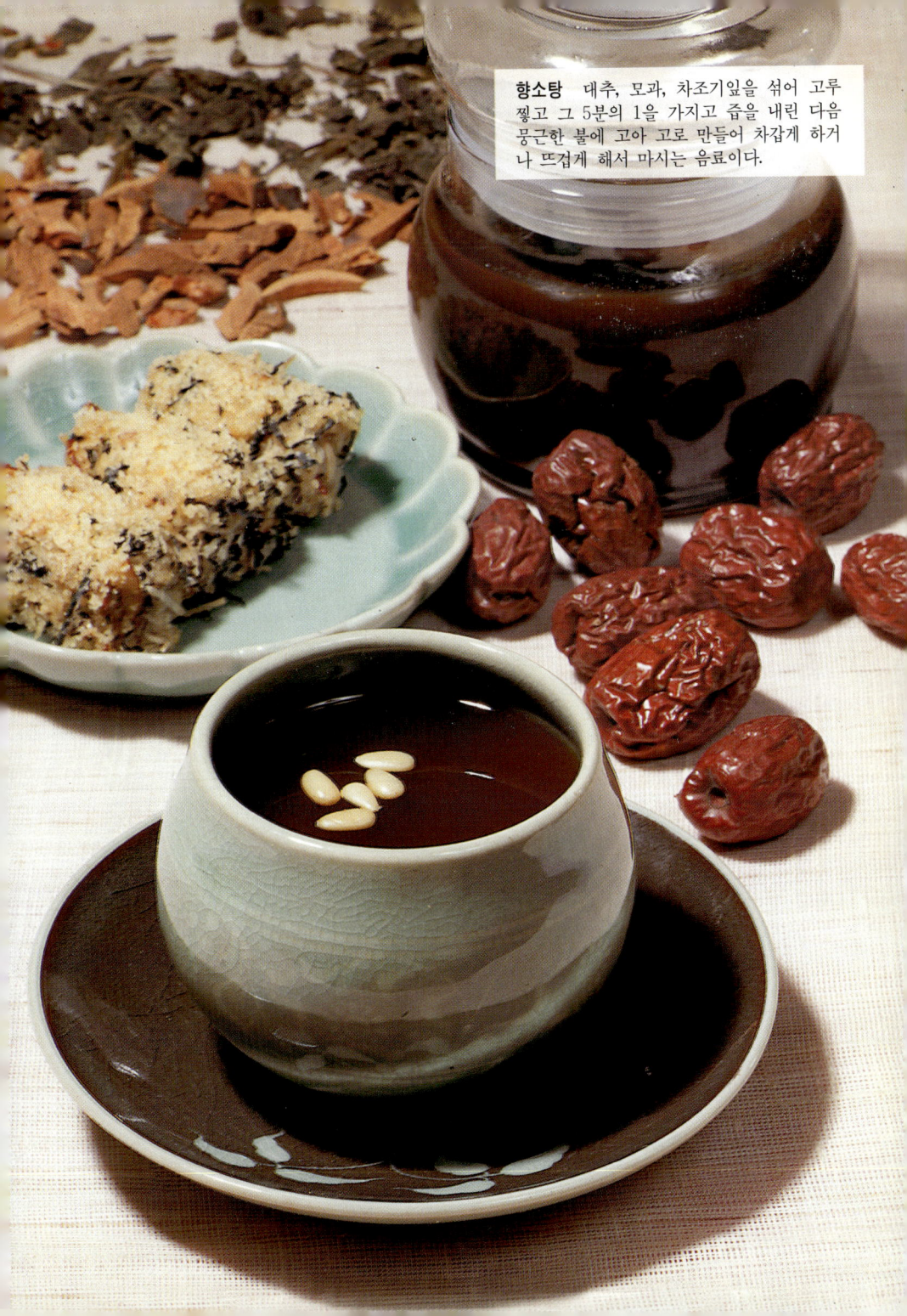

향소탕 대추, 모과, 차조기잎을 섞어 고루
찧고 그 5분의 1을 가지고 즙을 내린 다음
뭉근한 불에 고아 고로 만들어 차갑게 하거
나 뜨겁게 해서 마시는 음료이다.

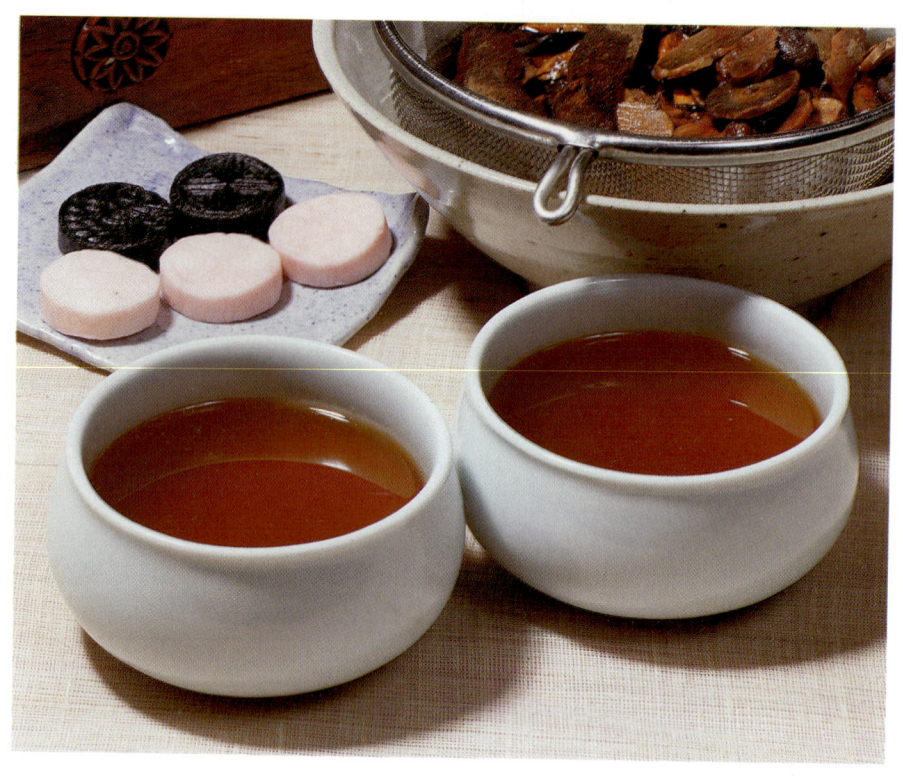

수문탕 마른 생강, 대추, 소금, 감초, 정향, 목향 그리고 약간의 진피를 함께 넣고 찧어 1시간 정도 달인 음료이다.

대추는 관혼상제 때의 음식 마련에 필수적인 과실로 특히 혼인식
날 시어머니가 며느리의 첫절을 받을 때 며느리 치마폭에 대추를
던져 주는 풍속이 있다. 이때 대추는 남자 아이를 상징한다.

만드는 법 굵은 대추의 씨를 발라 푹 고아서 즙이 되면 여기에
생강즙과 꿀을 고루 섞어 자기 항아리에 넣고 잘 젓는다. 묽고 되
기를 적당히 한 뒤 천연 동물성 향료인 사향(麝香)을 아주 조금 넣
는다. 한 잔에 즙 1큰술을 퍼서 끓는 물에 타 먹는다.

향소탕(香蘇湯)

재료 대추 600그램, 모과 1개, 차조기잎 40그램.

만드는 법 씨를 발라 내고 두세 조각으로 자른 대추살, 차조기
잎, 껍질을 벗기고 찧어 부순 모과를 한데 넣어 다시 고루 찧는다.
이를 5등분 하여 그 중 1등분을 대소쿠리 안에 골고루 헤쳐서 끓는
물을 끼얹어 즙을 내린다.

흘러내린 즙이 맛이 없어지면 사용한 재료를 버리고 다시 좋은
것 1등분으로 바꾸어 앞의 방법처럼 반복한다. 이렇게 모은 즙을
자기나 유리 그릇에 담고 뭉근한 불에 고아 고로 만들어 차갑게 하
거나 뜨겁게 해서 마신다.

수문탕(須問湯)

재료 마른 생강 20그램, 대추 600그램, 소금 60그램, 감초 40그
램, 정향 2~3개, 목향 2~3조각, 진피 75그램.

마른 생강은 열이 많고 맛은 매우며 독이 없다. 오장과 육부를
열어 주고 사지와 관절을 통하게 하여 몸을 따뜻하게 한다.

감초(甘草, *Glycyrrhiza uralensis*)는 다년생 풀인 감초의 뿌리 또는
잎이 변하여 뿌리 모양으로 된 근상(根狀) 줄기인데 가을에 채취하

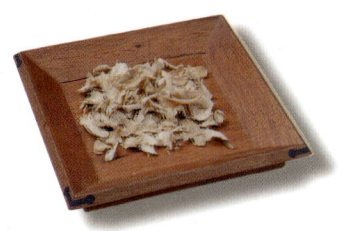

마른 생강 오장과 육부를 열어 주고 사지와 관절을 통하게 하여 몸을 따뜻하게 한다.

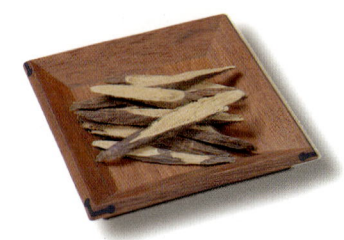

감초 성질이 따뜻하고 독이 없다. '약방의 감초'라고 불릴 정도로 어느 약물과도 배합이 잘 되어 중화 작용을 한다.

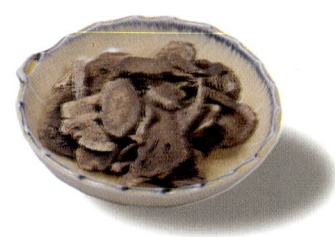

목향 몸을 순하게 풀어 주고 변비에 좋으며 강력 소화제로도 쓰인다. 차를 끓일 때 넣으면 향기가 좋다.

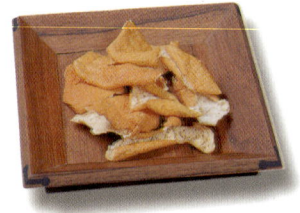

진피 진피는 성숙한 귤의 과피이다. 홍피라고도 하며 오래된 것일수록 좋다. 소화, 거담, 진해에 효과가 있다.

여 알맞게 썰어 햇볕에 말린다. 그대로 썰어서 사용하거나 구워서 사용한다.

　성질이 따뜻하고 독이 없다. 맛이 달기 때문에 감초라 하는데 '약방의 감초'라는 말이 있을 정도로 어느 약물과도 배합이 잘 되어 중화 작용을 한다.

　목향(木香, *Saussurea lappa*)은 다년생 풀인 운목향 또는 천목향의 뿌리로 향기가 좋아 밀향이라고도 한다. 중국, 인도 등지에서 재배한다. 가을에서 겨울 사이에 채취하여 햇볕에 말려 그대로 썰어 사용하거나 볶아서 사용한다.

　성질이 따뜻하고 맛은 맵고 쓰다. 몸을 순하게 풀어 주고 강력 소화제로 쓰이며 변비에 좋다. 민간에서는 차를 끓일 때 향기를 높이기 위해 조금씩 넣고 끓이기도 하였다.

진피(陳皮, *Citrus aurantium* var. *daidai*)는 성숙한 굴의 과피를 말한다. 10월이 지난 뒤 성숙한 과실의 껍질을 벗겨 햇볕에 말린다. 사용할 때는 물로 깨끗이 씻어 유연하게 되면 잘게 썰어서 쓴다. 홍피(紅皮)라고도 하고 오래된 것일수록 좋다. 성질이 따뜻하고 맛은 쓰고 매우며 독이 없다. 소화, 거담, 진해에 효과가 있다.

만드는 법 마른 생강, 대추, 누렇게 볶은 소금과 구워 껍질을 벗긴 감초와 정향, 목향 그리고 약간의 진피를 함께 넣고 찧어 약 1시간 정도 달여 마신다.

수지탕(水芝湯)

수지(水芝)는 연(蓮)의 별칭으로 수지탕은 연꽃의 종자인 연실을 이용하여 끓인 것이다. 너무 지나치게 허기지고 기운이 다 빠져 식욕이 없을 때 수지탕을 한 잔 마시면 허한 것을 보하고 원기를 돋워 준다고 한다.

『산림경제』에는 '빙지탕(氷芝湯)'으로, 『증보산림경제』와 『임원십육지』에는 '수지탕(水芝湯)'으로 기록되어 있으나 이는 필사(筆寫) 과정에서 '수지'를 '빙지'로 잘못 적은 것으로 생각된다.

재료 연실 20그램, 감초가루 2그램, 소금 약간.

연실(연밥, 蓮實, *Nelumbo nucifera*)은 연꽃의 종자로 가을철에 성숙한 종자가 박혀 있는 연방(蓮房)을 취한 뒤 종자를 따로 모아 햇볕에 말린다. 심을 제거한 뒤 분쇄하여 사용한다.

성질이 고르고 차며 맛은 달고 독이 없다. 기력을 길러 주고 오장을 보한다. 또 심장을 강하게 하고 소화 기능을 좋게 하며 변을 조화시킨다.

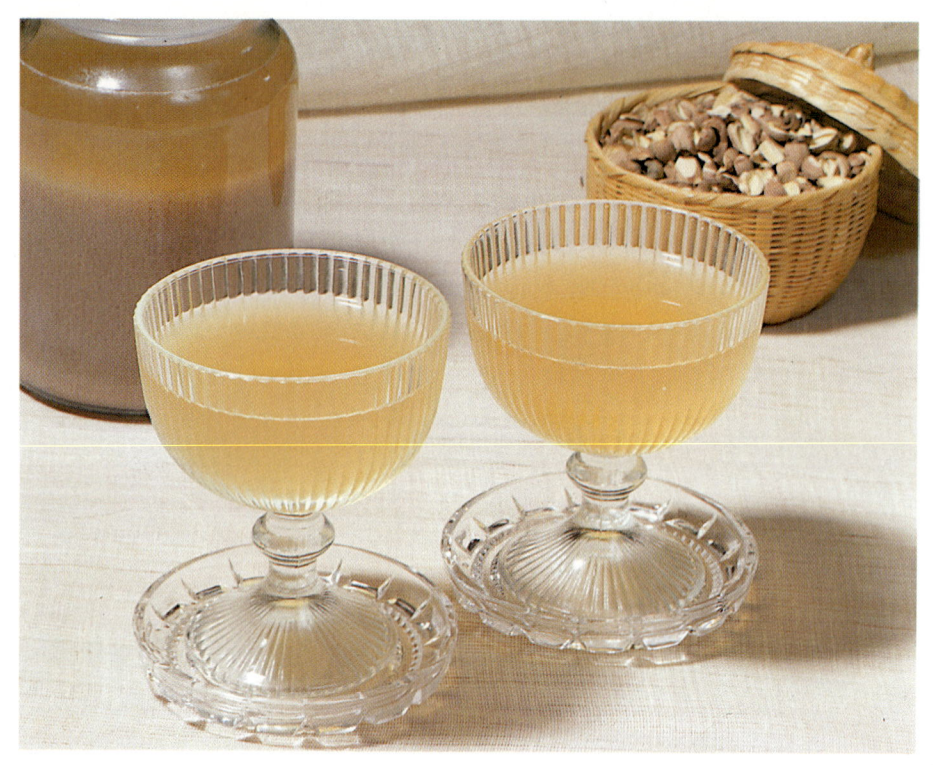

수지탕 말린 연실(오른쪽 위)을 볶아서 곱게 찧고 감초가루와 소금을 섞어 끓는 물을 부어 마시는 음료이다. 허기지고 식욕이 없을 때 마시면 좋다.

만드는 법 말린 연실을 껍질째 볶아 바싹 말린 것을 곱게 찧어 가루로 만든다. 감초는 살짝 볶아 연실과 함께 가루로 만들어 소금을 약간 넣고 끓는 물을 부어 마신다.

행락탕(杏酪湯)

재료 행인 140그램, 꿀 600그램.

행인(杏仁, *Prunus armeniaca* var. *ansu*)은 살구씨를 말하는데 여름철 과실 성숙기에 채취하여 과육(果肉)과 핵각(核殼)을 제거하고

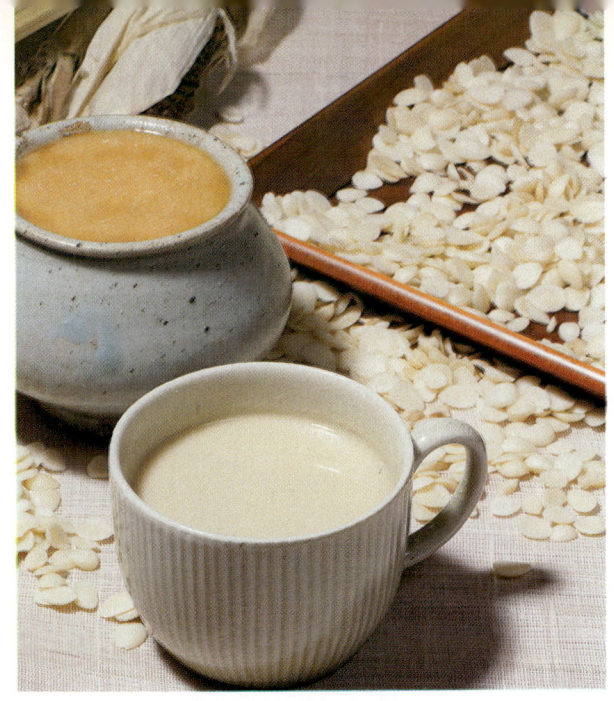

행락탕 살구씨(행인)를 끓는 물에 여러 번 담가 껍질을 벗기고 곱게 간 다음 꿀과 섞어 끓는 물에 타서 마시는 음료이다. 주변의 하얀 것이 행인인데 변비와 기관지 치료에 좋다.

종인(種仁)을 떼내서 햇볕에 말린다. 성질이 따뜻하고 맛은 달고 쓰며 많이 사용하면 독이 된다. 진해, 천식, 호흡 곤란, 신체 부종 등의 치료에 쓰이며 변비와 기관지 치료에 좋다. 또 피부 미용 관리에도 쓰인다.

만드는 법 살구씨를 팔팔 끓는 물에 담가 뚜껑을 덮어 완전히 식을 때까지 기다린다. 이렇게 다섯 번 정도 한 다음 껍질을 벗겨 버리고 곱게 갈아서 사기 동이에 보관한다. 따로 좋은 꿀을 두 번 정도 끓이고 졸여 반쯤 식기를 기다렸다가 바로 살구씨 간 것을 넣어 고루 섞는다. 이것을 사기 동이나 병에 담아 두고 매번 끓는 물 1컵에 1큰술을 타서 마신다.

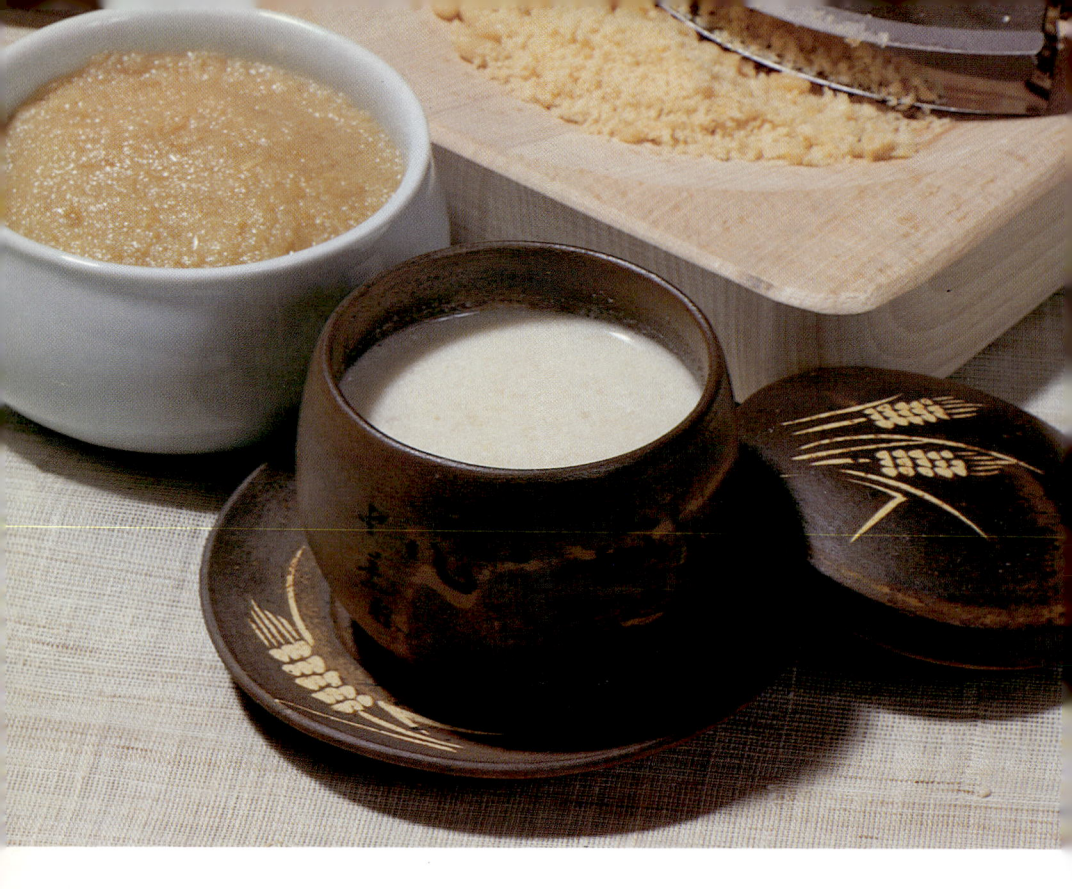

봉수탕 잣, 호도를 곱게 간 다음 꿀을 섞어 재어 두었다가 물에 타서 마신다. 식후에
마시면 폐를 좋게 하고 해소병을 치료하는 효능이 있다.

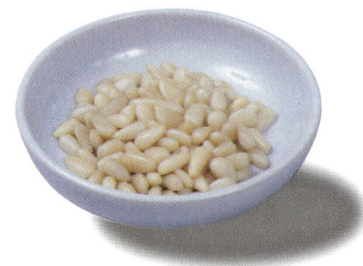

잣 가을철 종자가 익을 때 채취하여 사용하는 잣은 각종 음식에 고명으로 사용되며 보혈제로도 쓰인다.

호도 다량의 지방, 단백질, 탄수화물과 소량의 무기질을 함유한 영양가 높은 식품이다. 경맥을 통하게 하고 요통을 치료한다.

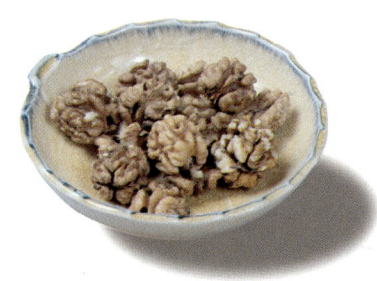

봉수탕(鳳髓湯)

봉수탕은 식후에 마시면 폐를 좋게 하고 해소병을 치료하는 효능이 있다고 한다.

재료 잣 40그램, 호도 80그램, 꿀 20그램.

잣[栢子仁, *Pinus koraiensis*]은 잣나무의 종자인데 약으로 사용할 때에는 해송자라고 한다. 잣은 우리나라의 특산으로 명성이 높아 예로부터 중국에까지 널리 알려졌다. 각종 음식에 고명으로 쓰이며 정월 보름날에는 잣 열두 개를 준비하여 불을 붙여 한 해의 운수를 점치기도 한다.

가을철 종자가 익을 때 채취하여 사용한다. 성질이 따뜻하고 맛은 달다. 변비를 다스리고 가래, 기침에 효과가 있으며 폐의 기능을 돕는다. 보혈제로 쓰이기도 한다.

호도(胡桃, *Juglans sinensis*)는 호도나무의 종자를 말한다. 호도나무는 중국 원산으로 우리나라에서는 주로 경기도 이남에서 심고 있다. 10월에 성숙한 열매를 채취하여 겉껍질을 제거하고 햇볕에 말린 뒤 속껍질을 제거하여 사용한다.

호도는 다량의 지방, 단백질, 탄수화물과 소량의 무기질을 함유한 영양가 높은 식품이다. 성질이 고르게 덥고 맛은 달며 독이 없으며 지방질이 많다.

주로 생식을 하며 신선로, 과자, 엿 등에 넣어 먹기도 한다. 경맥을 통하게 하고 요통을 치료한다. 정월 대보름날 부럼으로 호도를 까서 먹는 풍속이 있다.

만드는 법 잣과 속껍질을 벗긴 호도를 곱게 간 다음 좋은 꿀을 넣고 고루 섞어 재어 둔다. 이것을 필요할 때마다 끓는 물 1컵에 2큰술씩 타서 마신다.

백탕(栢湯)

백탕은 측백나무의 잎으로 끓인 탕이다. 밤에 마시면 정신을 맑게 하여 수험생이나 야간 근로자에게 좋은 음료이다.

재료 측백잎 10그램, 산마 약간, 물 4컵.

측백잎[側柏葉, *Thuja orientalis*]은 측백나무의 잎으로 여름에서 가을 사이에 채취하여 그늘에서 말려 쓰거나 그대로 쓴다. 성질이 차고 맛은 매우며 약간 쓴 편이다. 장을 보호하고 지혈 작용을 하며 대하증의 치료에 쓰인다.

만드는 법 측백잎을 연한 것으로 골라 실로 엮어 큰 항아리 속에 걸어 놓고 한지로 항아리 주둥이를 봉한 다음 한 달이 경과한 뒤에도 덜 말랐으면 다시 봉한다. 바싹 말랐을 때 꺼내 가루로 만든다. 이 가루와 산마를 넣고 끓여 먹는다.

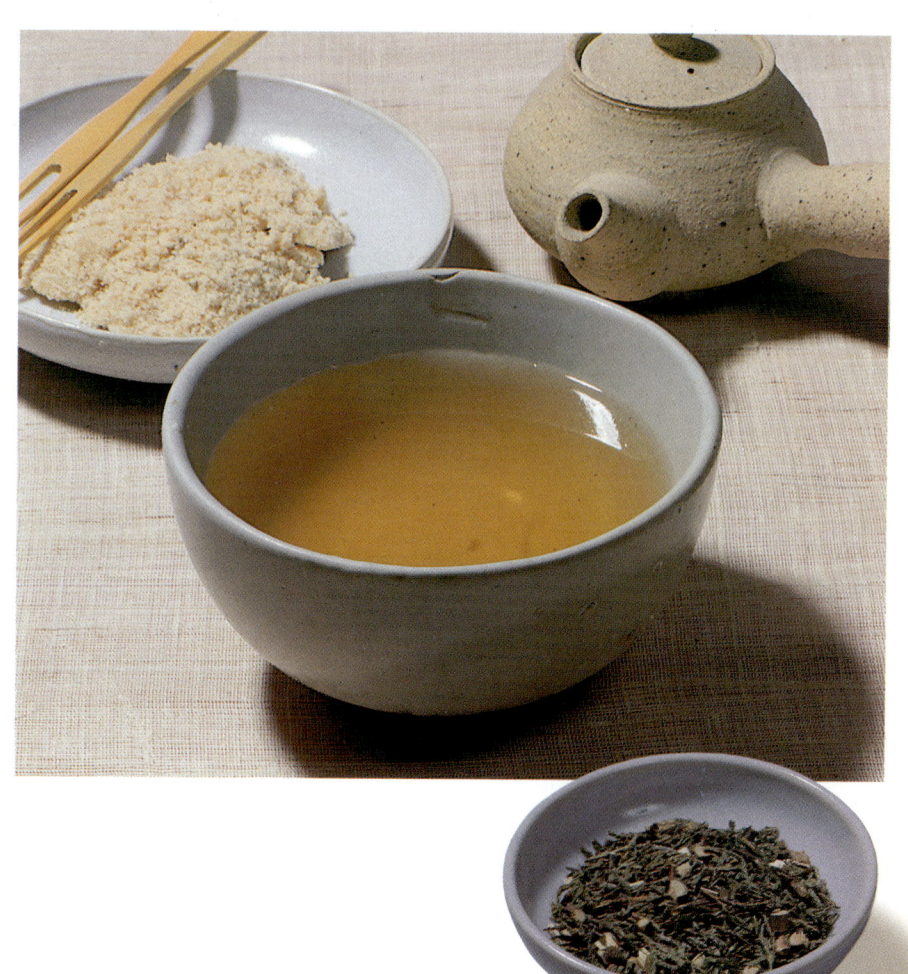

백탕 측백나무의 잎을 이용하여 끓인 탕으로 정신을 맑게 하여 수험생이나 야간 근로자에게 좋은 음료이다.(맨 위)

측백잎 성질이 차고 맛은 매우며 약간 쓴 편이고 지혈 작용을 한다.(위)

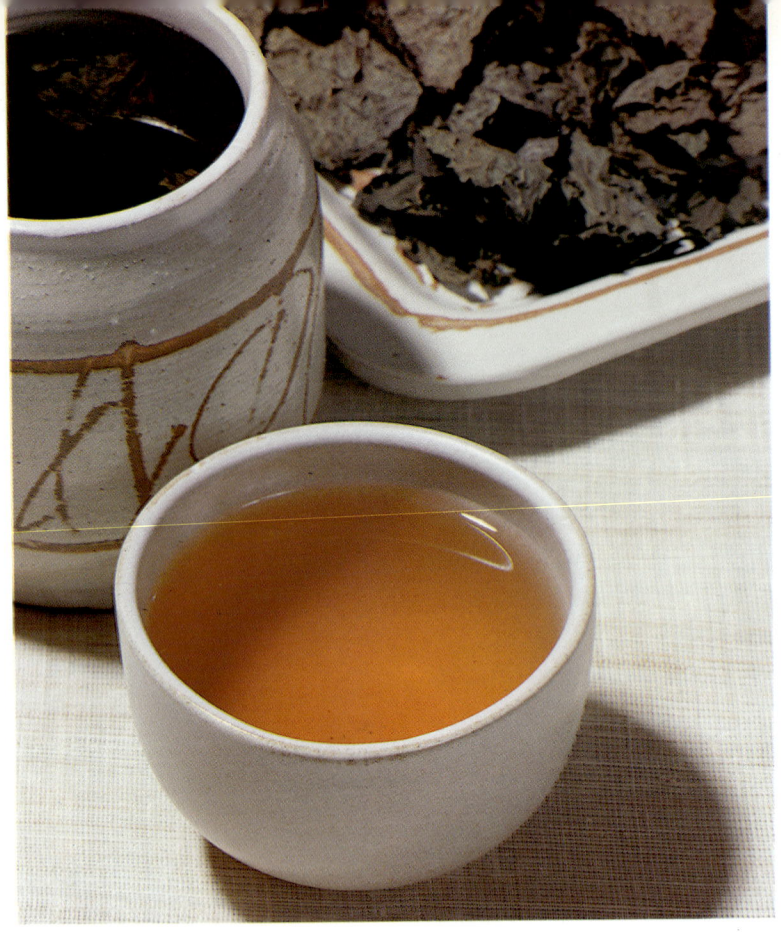

자소탕 차조기잎을 따서 불에 쪼이다가 향기가 나면 끓는 물에 넣어 병에 담아 둔다. 향이 우러나면 마신다.

자소탕(紫蘇湯)

재료 차조기 10잎, 물 10컵.

만드는 법 붉은 차조기를 적당량 따서 움직이지 않게 종이로 얼기설기 놓아 불에 쬔다. 향기가 나면 끓는 물을 병에 붓고 여기에 차조기잎을 넣은 뒤 병 주둥이를 밀봉해 둔다. 향이 충분히 우러나면 마신다.

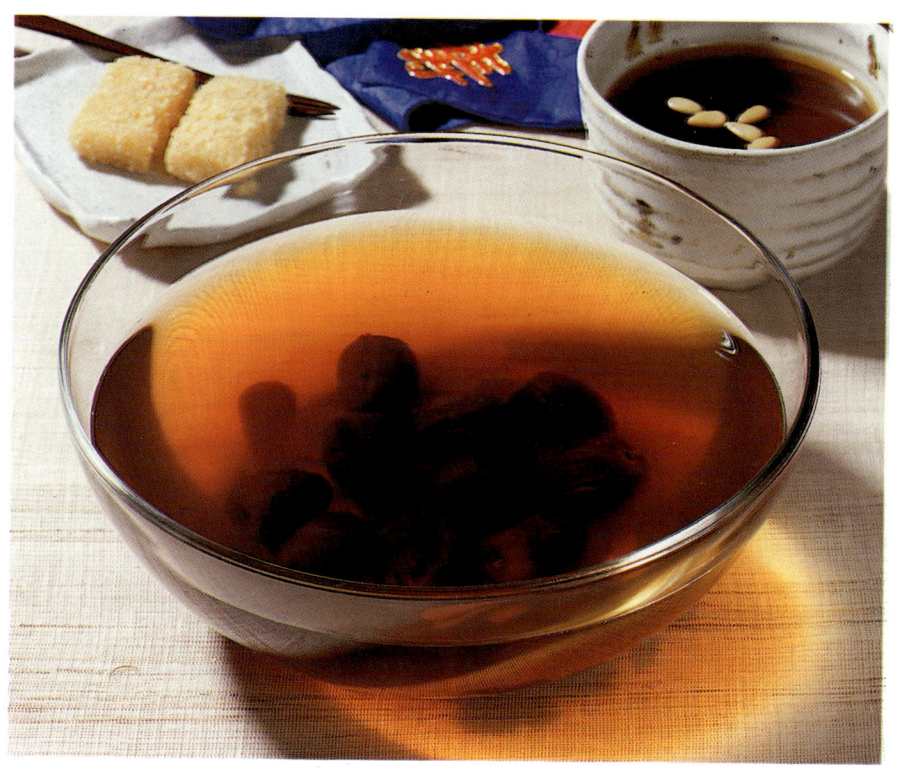

온조탕 대추는 달이고 생강은 즙을 내어 꿀과 함께 섞은 뒤 사향을 조금 넣고 끓는 물을 부어 마신다.

온조탕(溫棗湯)

재료 대추 600그램, 생강 30그램, 꿀 적당량, 사향 아주 약간, 물 3리터.

만드는 법 달인 대추와 날 생강의 즙을 내어 꿀과 함께 섞은 뒤 은그릇에 넣어 잘 저어 둔다. 여기에 사향을 아주 조금만 넣는다. 잔에 큰 숟갈 하나 분량을 떠 넣고 끓는 물을 부어 마신다.

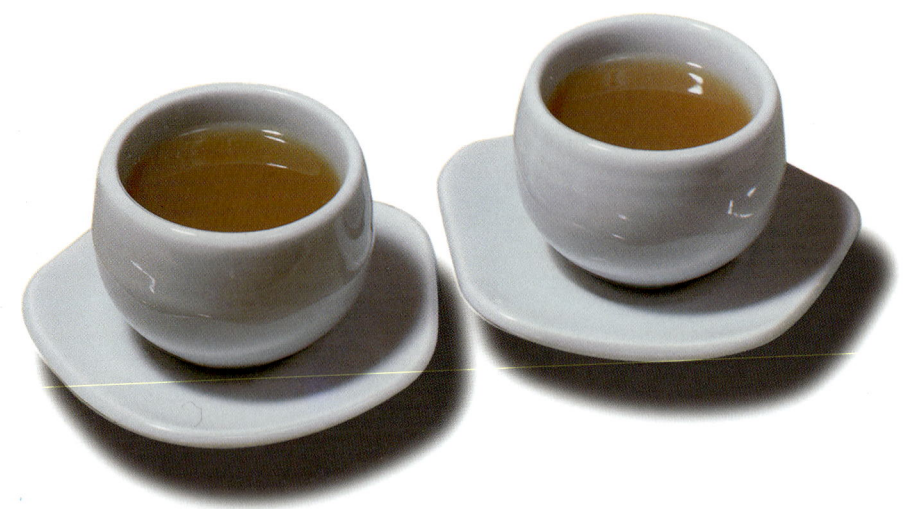

건모과탕 마른 모과, 감초가루, 축사인, 침향, 백단향, 마른 생강, 백두구, 회향 볶은 것을 가루로 만들어 물을 부어 끓여 마시는 음료이다. 갈증을 그치게 하며 기분을 상쾌하게 한다.

건모과탕(乾木瓜湯)

건모과탕은 갈증을 그치게 하며 기운을 상쾌하게 하는 효능이 있다고 한다.

재료 마른 모과 40그램, 감초가루 25그램, 마른 생강 20그램, 축사인 10그램, 백단향 10그램, 회향 10그램, 백두구 5그램, 침향 5그램, 소금 약간, 물 6컵.

만드는 법 마른 모과의 껍질을 벗긴 것과 구운 감초가루, 축사인, 침향, 백단향, 마른 생강, 백두구와 회향 볶은 것을 미세한 가루로 만들어 서로 혼합한 다음 작은 숟가락 반 술 정도의 양을 소량의 소금과 섞어 물을 부어 끓여 마신다. 회향은 회향풀의 열매로 독특한 향기가 있다.

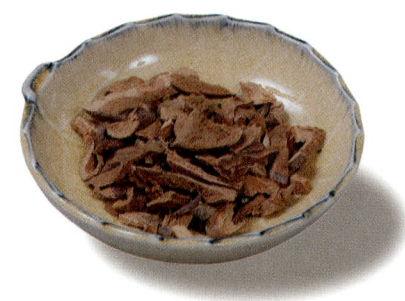

건모과 성질이 따뜻하고 맛은 시며 독이 없다. 몸의 냉을 풀어 주고 요통, 신경통에 좋다.

여지탕(荔枝湯)

재료 오매육 40그램, 설탕 240그램, 계핏가루 약간, 마른 생강가루 4그램, 정향가루 약간, 물 6컵.

만드는 법 깨끗하게 씻은 오매육을 끓인 다음 씨를 제거하고 걸러 찌꺼기는 버린다. 설탕을 물에 타서 서로 혼합하여 은그릇이나 돌그릇에 담아 양이 반쯤 되게 졸인 뒤 계핏가루, 마른 생강가루, 정향가루를 넣어 다시 달여 고를 만든다. 깨끗한 그릇에 담아 두었다가 필요할 때 끓여 사용한다.

회향탕(茴香湯)

재료 회향 30그램, 단향 약간, 생강가루 약간, 물 1.8리터.

회향(茴香, *Foeniculum vulgare*)은 유럽 원산의 다년생 풀인 회향풀의 열매로 9, 10월에 채취한다. 성질이 고르고 맛은 매우며 독이 없다. 위를 열며 먹은 것을 내리고 곽란과 오심(惡心) 및 복중 불안(腹中不安)을 낫게 한다. 또 위를 보호하며 냉증을 치료하고 몸을 따뜻하게 하는 데 반드시 쓰이는 약재이다.

만드는 법 볶은 회향가루에 단향과 생강가루를 약간씩만 넣어 끓인다. 맛을 보아 단향과 생강가루를 기호에 맞게 가감하여 끓인 다음 마신다.

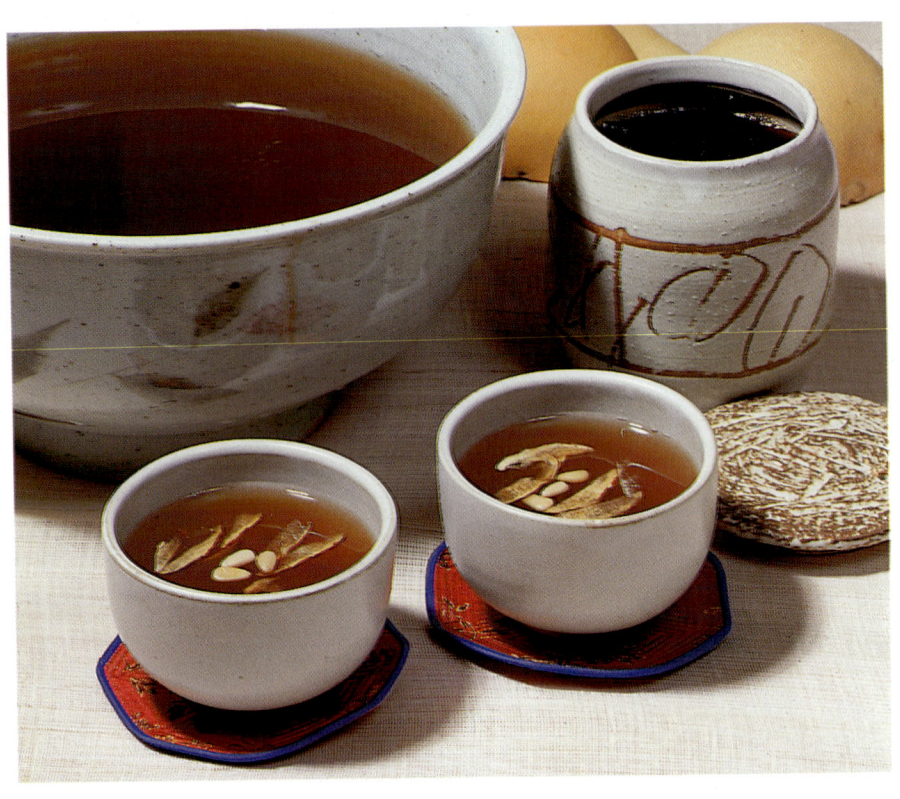

여지탕 오매육과 설탕물을 혼합하여 끓인 다음 계핏가루, 마른 생강가루, 정향가루를 함께 섞어 고로 만들어 두었다가 끓여 마시는 음료이다.

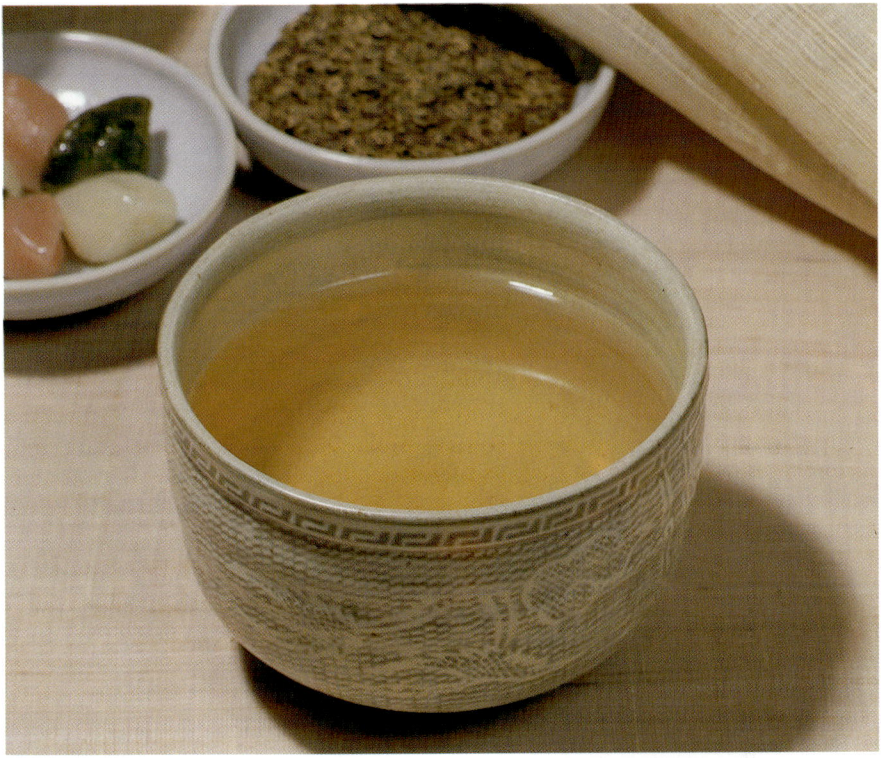

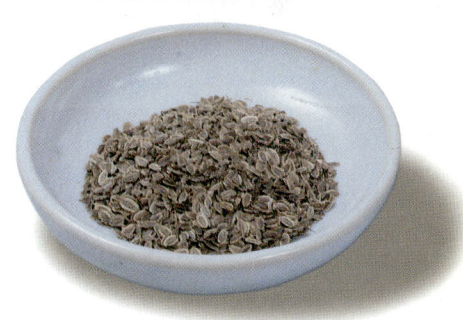

회향탕 회향가루, 단향과 생강가루를 함께 섞어 끓여 마시는 탕이다.(맨 위)

회향 회향은 회향풀의 열매로 몸을 따뜻하게 하는 데 반드시 쓰이는 약재이다.(위)

국화차(菊花茶)

재료 감국꽃, 백매, 소금물, 녹말, 꿀.

감국(甘菊)은 국화과의 다년초인데 그 꽃을 주로 약재, 향료 그리고 술을 만드는 데 이용하였다. 국화는 우리나라 전국 도처에 있는 꽃으로, 예로부터 선조들은 이 꽃에서 고고한 기품과 절개를 지키는 군자의 모습을 발견하였다. 그래서 흔히 오상고절(傲霜孤節)이라 일컫는다. 국화꽃 말린 것을 베개 속으로 하면 두통에 좋다고 하며 이불 솜에 넣어 그윽한 향기를 즐기기도 하였고 국화주를 빚어 먹기도 하였다. 또한 국화전, 국화죽 등을 만들어 먹었다.

만드는 법 이슬이 내릴 때 감국을 따서 단단한 가지를 따 버리고 깨끗한 질그릇에 백매 한두 개를 밑에 넣고 꽃송이를 넣어 평평하게 한다. 또 백매를 넣고 소금물을 부어 꽃송이가 위로 떠오르지 못하도록 돌로 눌러 봉해 둔다. 이듬해 6, 7월에 꽃 한 가지를 꺼내 깨끗한 물에 담가 소금기를 씻어 버린 뒤 찻가루와 함께 사발에 담고 끓는 물을 부으면 차 맛이 더욱 맑고 향기롭다.

감국을 햇볕에 말려 꼭 봉해 두었다가 한 웅큼씩 집어 내어 차 삶는 법과 같이 하는 것을 국탕(菊湯)이라 하는데 이 탕은 여름에 갈증을 없애 준다. 다 핀 국화를 따서 푸른 꼭지는 버리고 꿀에 잠시 담근 다음 이것을 녹말에 무쳐 끓는 물에 잠깐 데쳐 낸다. 이것을 꿀물에 넣어 마신다.

기국차(杞菊茶)

재료 들국화 20그램, 구기자 160그램, 차싹〔雀舌〕 200그램, 검은깨 200그램, 소금, 타락(우유).

구기자(枸杞子, *Lycium chinese*)는 구기자나무의 열매를 말한다. 꽃은 6~9월에 피고, 7~10월에 홍적색으로 익은 열매를 채취하여

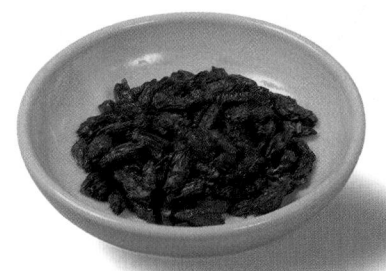

구기자 7~10월에 홍적색의 열매를 채취하여 햇볕에 말리거나 약한 불에 건조시켜 사용한다. 구기자를 오래 복용하면 몸이 가벼워지고 기력이 왕성해진다고 한다.

햇볕에 말리거나 약한 불로 건조시킨다.

성질이 차고 맛은 쓰며 독이 없다. 피로를 풀고 간장 기능을 도우며 몸의 쓸데없는 습기를 없애 주고 신장을 보호해 준다. 구기자를 오래 복용하면 몸이 가벼워지고 기력이 왕성해지며 다리, 허리 등의 힘이 강해지고 세포의 노화를 억제하는 효과가 있다.

타락(駝酪)이라는 이름은 돌궐(突闕)어의 '토라크'에서 나온 말인데 원래는 말린 우유를 뜻했다. 조선시대에는 우유제를 통틀어 타락이라고 했다.

만드는 법 들국화, 구기자, 작설과 검은깨를 함께 갈아 가루로 만들어 체에 곱게 쳐 두었다가 먹을 때 이 가루 한 숟갈에 소금을 약간 치고 타락을 알맞게 넣은 다음 한 번 끓여서 마신다.

귤강차(橘薑茶)

귤강차는 담과 가슴을 맑게 하는 효능이 있는 차로 알려져 있다.

재료 귤홍(橘紅) 12그램, 생강 5쪽, 작설 4그램, 꿀.

귤홍은 귤의 껍질 한쪽에 있는 흰 부분을 긁어 낸 껍질을 말하는데 진피보다 효험이 더 많다고 알려져 있다. 소화 불량에 효능이 있다.

만드는 법 귤홍, 생강과 작설을 한데 달여 거른 다음 꿀을 타서 마신다. 다른 방법으로 8그램의 귤병(꿀이나 설탕에 졸인 귤)과 민강(閩薑:생강을 졸인 과자)을 잘게 썰어 한데 달여 마신다.

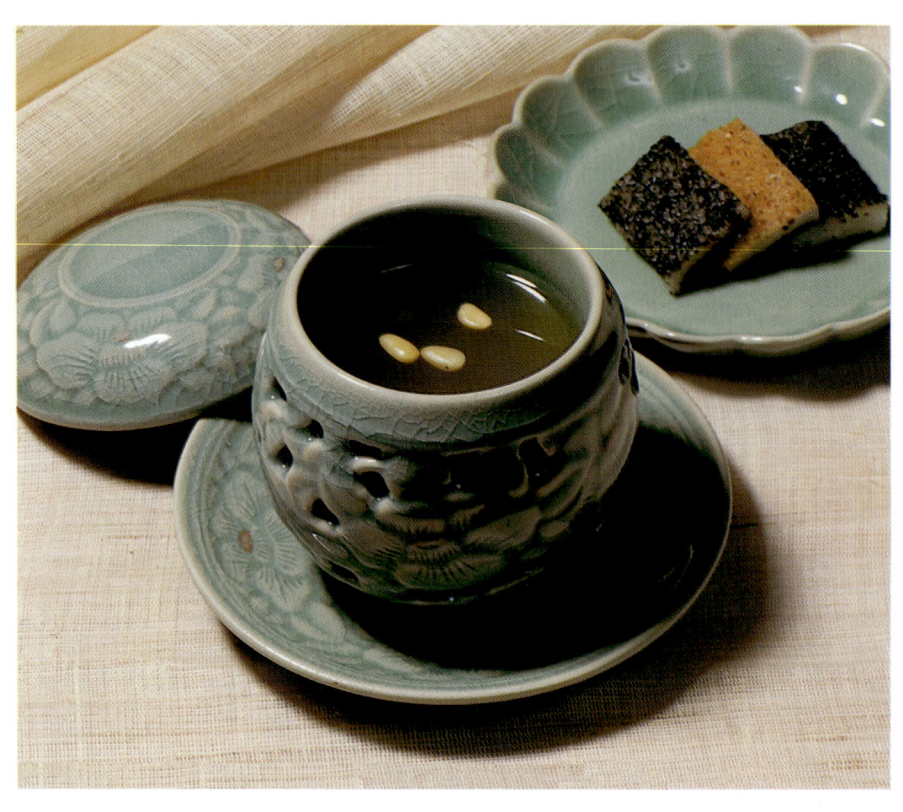

귤강차 귤홍, 생강, 작설을 한데 달여 거른 다음 꿀을 타서 마시는 음료이다. 담과 가
슴이 맑아지는 효능이 있다.

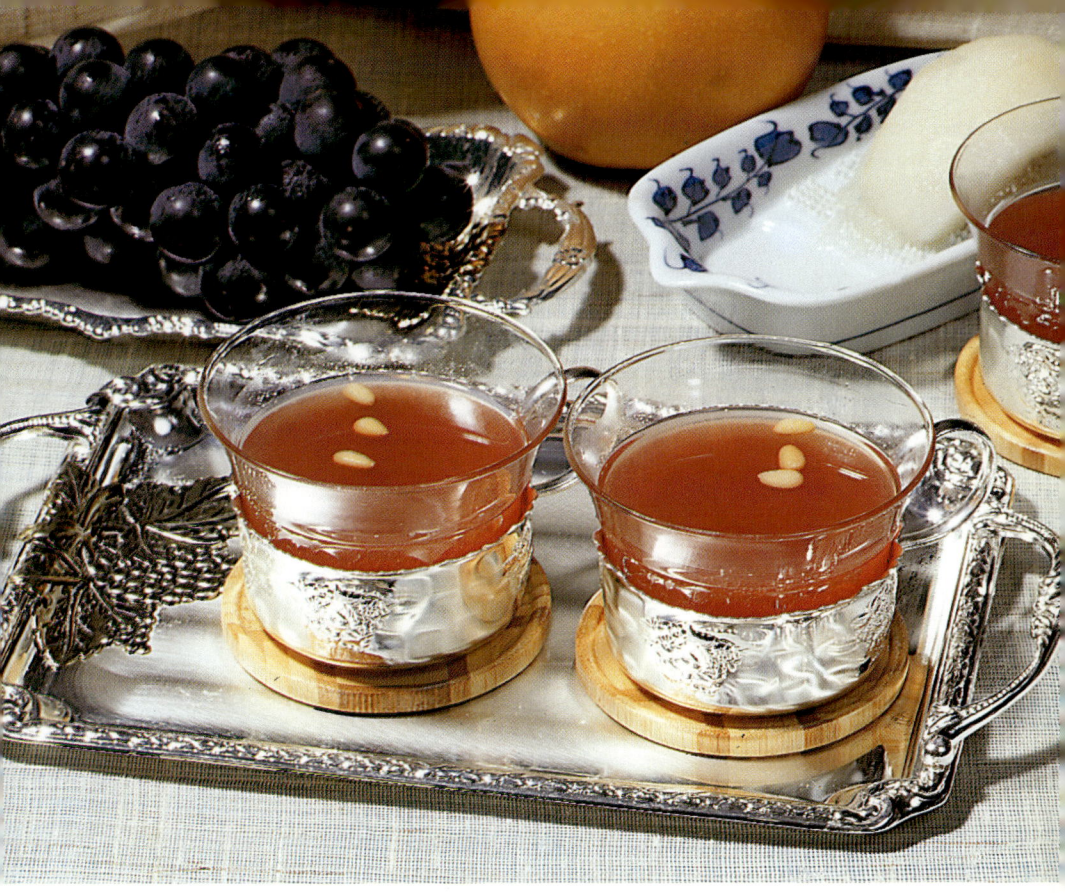

포도차 포도, 배, 생강을 각각 즙을 낸 뒤 끓는 물에 넣고 식으면 꿀을 타서 마시는 음료이다.

포도차(葡萄茶)

재료 포도 5송이, 배 1개, 꿀 적당량, 생강즙 반 큰술.

포도는 성숙함에 따라 당분이 증가하고 산이 감소하는데 완숙하면 당분이 최대가 된다. 배는 시원하고 단맛이 있는 과일로 일찍부터 식용되었다.

만드는 법 포도와 익은 배를 으깨 즙을 낸다. 생강도 즙을 내어 함께 끓는 물에 넣고 식은 후 좋은 꿀을 타 마시면 맛이 좋다.

매화차(梅花茶)

재료 매화 말린 것 10장, 끓는 물 3컵.

매화는 추위가 덜 가신 초봄에 꽃이 피기 시작하기 때문에 예로부터 봄 소식을 알려 주는 나무로 여겨져 왔다. 또 추위를 이기고 꽃을 피운다 하여 불의에 굴하지 않는 선비 정신의 표상으로 삼아 많이 재배해 왔다. 시나 그림의 소재로도 많이 등장하였기 때문에 이 매화차는 풍류를 즐기는 멋이 담긴 차라고 할 수 있다.

만드는 법 섣달에 반쯤 핀 매화 꽃봉오리를 따서 말렸다가 여름철에 끓는 물에 넣으면 꽃이 뜨고 그 맛은 매우 청량하다.

율무차〔薏苡茶〕

재료 볶은 율무 4큰술, 물 6컵.

율무〔의이인, 薏苡仁, *Coix lachryma-jobi* var. *mayuen*〕는 1년생 풀인 율무의 종인으로 가을철에 수확하여 외각(外殼)과 외피(外皮)를 제거하고 햇볕에 말린다. 성질이 약간 차고 맛은 달며 독이 없다. 피고름을 토하는 것과 딸꾹질, 기침을 주로 치료하고 제습 작용을 하며 신경통에도 좋다. 율무는 껍질을 벗기지 않은 채 볶아야 맑은 차를 얻을 수 있다.

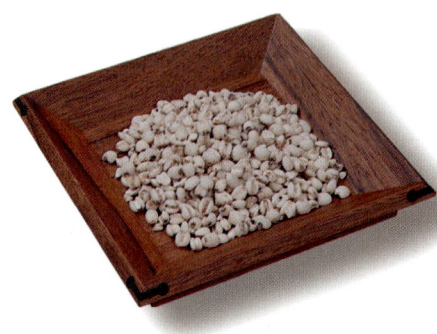

율무 율무는 껍질을 벗기지 않은 채 볶아야 맑은 차를 얻을 수 있다고 하는데 기침, 신경통 등의 치료에 좋다.

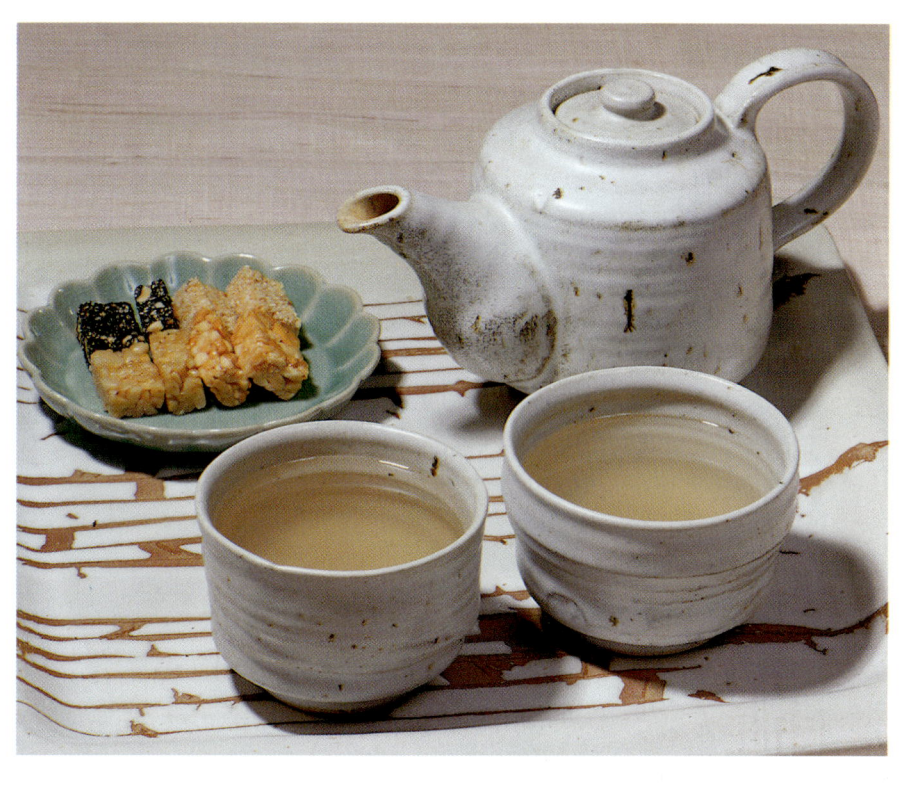

율무차 볶은 율무를 끓는 물에 넣어 끓인 뒤 30분 정도 약한 불에 달여서 마시는
음료이다.

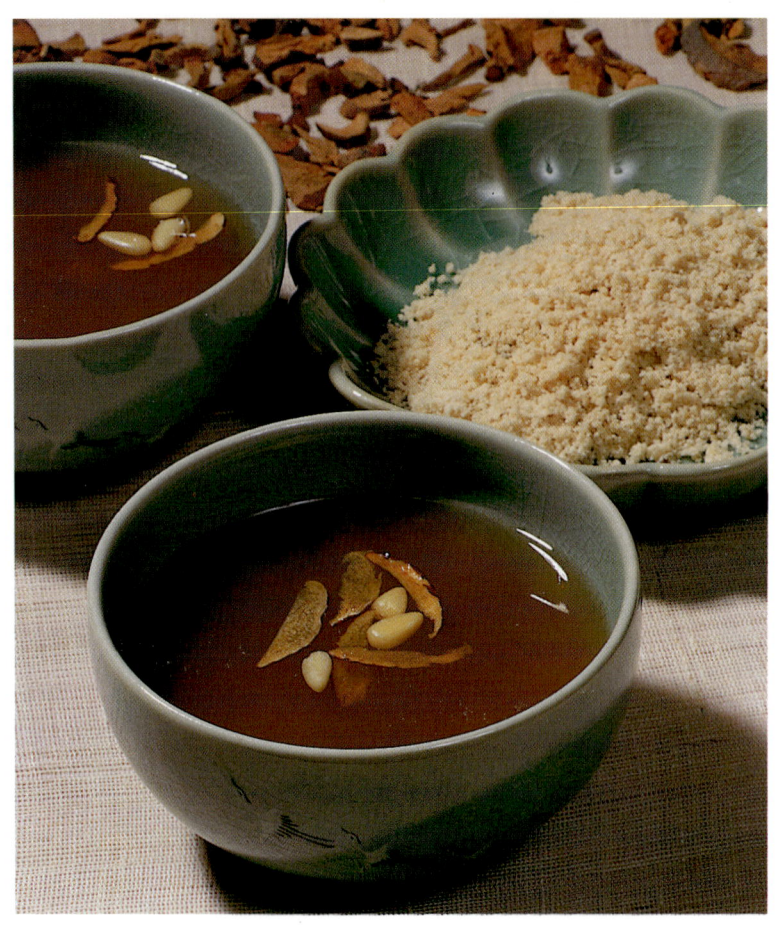

모과차 끓는 물에 모과를 넣고 맛이 우러나도록 달여서 기호에 맞게 설탕이나 꿀을 넣고 대추채, 잣을 띄워 마시는 음료이다.

율무는 11세기에 송나라에서 들어왔다고 하는데 과거에는 죽으로도 많이 먹었다. 최근에는 성인병에 효과가 있다고 하여 율무차를 가공 식품으로 만들기도 한다.

만드는 법 볶은 율무를 끓는 물에 넣어 끓인 뒤 약한 불에서 30분 정도 달인 다음 데워 놓은 다관에 부어 찻잔에 따라 낸다.

모과차(木瓜茶)

재료 마른 모과 3분의 1컵, 대추 6개, 설탕 1컵, 잣 1큰술, 물 6컵.

만드는 법 모과의 껍질을 벗기고 속을 도려내 얄팍하게 썰어 말려 종이 봉지에 매달아 두거나 냉동을 했다가 필요할 때 쓴다.

끓는 물에 모과를 넣고 맛이 우러나도록 달여서 기호에 따라 설탕이나 꿀을 넣고 대추채, 잣을 띄워 낸다. 생모과를 썰어 설탕에 절여 모과청으로 사용해도 좋다.

오과차(五果茶)

오과차는 다섯 가지 과실로 달이는 우리나라 전통의 약용차이다. 감기에 자주 걸리고 기침이 잦을 때 달여서 마시면 효과가 좋다. 보양 음료로도 널리 알려져 있다.

재료 마른 모과 30그램, 대추 15개, 황률 15개, 은행 15개, 호도 10개, 꿀 6큰술, 잣 1작은술, 물 18컵.

은행(*Ginkgo biloba*)은 백과(百果)라고 하고 잎의 모양이 오리의 발과 비슷하다 하여 압각자(鴨脚子)라고도 한다. 은행나무의 종자로 가을철 과실이 황색으로 익을 때 채취하여 물에 담가 겉의 육질을 부식시켜 제거한 뒤 쓰거나, 그대로 압력을 가하여 겉껍질을 제거한 뒤 물로 깨끗이 씻어 햇볕에 말린다. 그대로 겉껍질을 벗겨 사용하거나 볶거나 쪄서 겉껍질을 제거하고 사용하기도 한다.

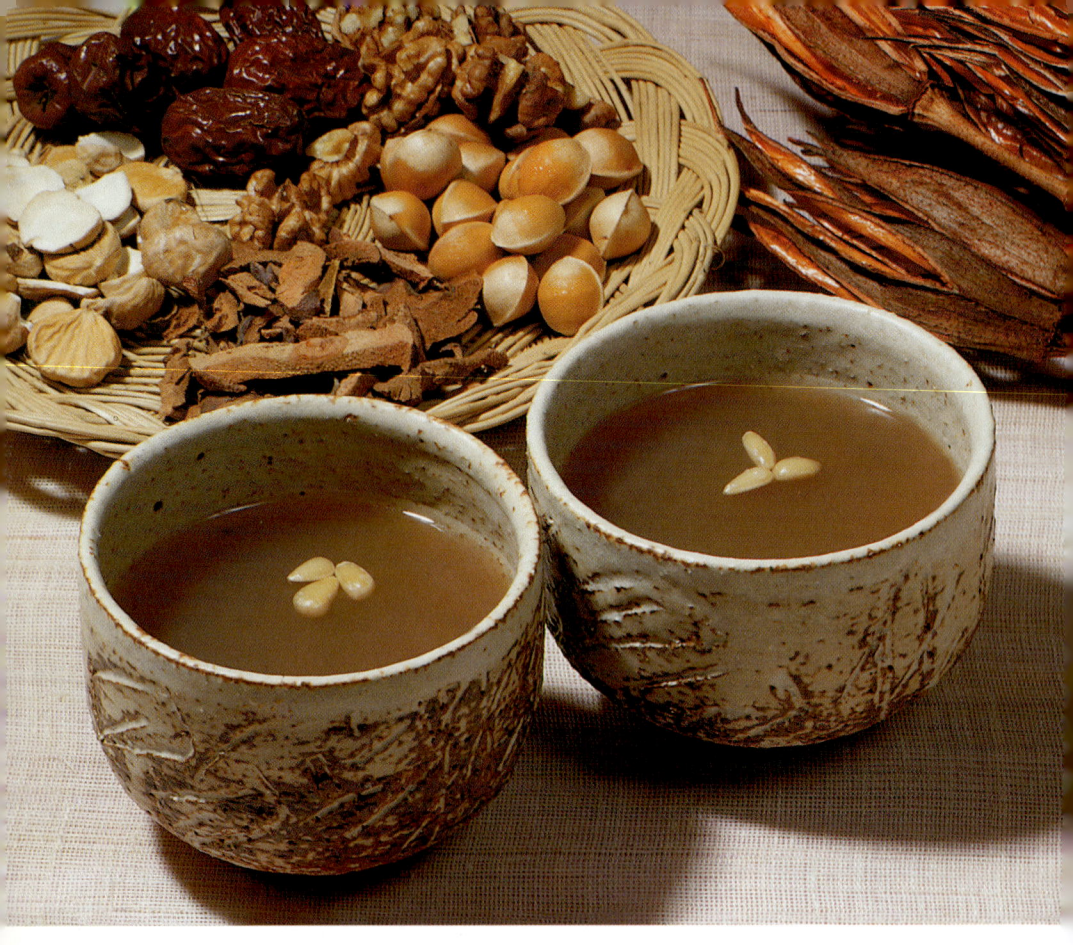

오과차 오과차는 모과, 대추, 황률, 은행, 호도 이렇게 다섯 가지 과실로 달이는 우리
나라 전통 약용차이다.

성질이 고르고 맛은 달고 쓰며 떫고 독이 있다. 폐를 보하고 거담 진해 작용을 한다.

황률〔율자, 栗子, *Castanea crenata*〕은 황밤을 말한다. 살이 단단한 잘 여문 밤—송이째 쌓아 두고 풀이나 가마니 따위로 덮어 두면 송이가 벌어져 밤을 까기가 쉽다—을 골라 햇볕에 1주일 정도 말린 다음 구들 바닥에 불을 많이 때고 펴 널어 자주 뒤집으면서 말린다. 고루 뒤집지 않으면 밤이 고루 마르지 않아 노란색으로 되지 않고 희게 된다.

다 말랐으면 짚 수세미와 함께 절구에 넣고 나무 절굿공이로 자근자근 찧는다. 그러면 속껍질이 벗겨져 황률이 된다. 만일 속껍질이 벗겨지지 않은 것이 있으면 뜨거운 방에 다시 넣어 놓았다가 이른 아침에 차가운 마당을 깨끗이 쓸고 펼쳐 놓으면 속껍질이 잘 벗겨진다.

황률은 빛깔이 좋으며 깨지지 않고 속껍질이 통째로 벗겨진 것이 상품이다. 예로부터 우리나라는 좋은 밤의 세계적인 산지로 알려져 있다. 밤은 성질이 따뜻하고 맛은 짜며 독이 없다. 기를 더해 주고 위를 보호하며 콩팥을 튼튼히 해준다.

만드는 법 모든 재료를 깨끗이 씻어 건져 두꺼운 주전자나 냄비에 물을 부어 반으로 될 때까지 은근한 불에 푹 달인 다음 체에 친 뒤 사기 주전자에 붓는다. 뚜껑이 있는 찻잔에 부어 꿀이나 설탕을 타서 잣을 띄워 낸다.

청량 음료

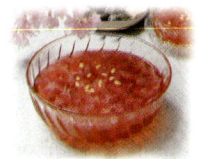

청량 음료를 세분하면 다음과 같이 분류할 수 있다.

첫째, 곡물가루를 이용한 음료가 있다. 대표적인 것이 미수인데 주로 찹쌀·보리·율무·콩 등을 이용한다.

둘째, 오미자 국물을 이용한 음료이다. 진달래 화채·장미 화채·보리 수단·떡 수단·원소병·배 화채·창면 등이 있다.

셋째로 밀수—꿀물이나 설탕물—를 이용한 음료이다. 보리 수단·떡 수단·원소병·배숙·향설고·가련 화채·순채 화채·송화 밀수 등이 있다. 그런데 보리 수단·떡 수단·원소병·순채 화채·가련 화채·배 화채 등은 밀수와 오미자 국물 중에 어느 것을 사용해도 좋은 음료이다.

넷째는 약재를 이용한 음료로 수정과·생맥산·제호탕·생강 화채·계피 화채 등이 있다.

다섯째는 엿기름을 이용한 음료인데 식혜와 안동식혜가 있다.

여섯째는 과일과 과일즙을 이용한 음료이다. 앵두 화채·딸기 화채·산딸기 화채·수박 화채·유자 화채·배 화채·밀감 화채 등이 있다.

곡물가루를 이용한 음료(미수)

찹쌀, 멥쌀, 보리, 콩 등을 쪄서 말리고 볶은 다음 곱게 가루를 내어 냉수나 꿀물에 타서 먹는 음식으로 미수 또는 미시라고도 한다. 옛날에는 주식 대용이나 저장식 및 구황식으로 널리 쓰였다. 곡물 등을 볶아 가루로 만든 것을 구(糗) 또는 초(麨)라 하고 쪄서 말린 것을 비(糒)라고 했다.

『삼국유사』에 '쌀을 쪄 말린 것으로 양식을 삼았다'는 기사가 있는 것으로 보아 이때 이미 주식 대용의 쌀 가공 저장법이 발달된 것을 알 수 있다. 조선시대에는 구가 주로 구황식으로 이용되었다.

또 『구황촬요(救荒撮要)』, 『치생요람(治生要覽)』 등에는 곡식가루나 송엽(松葉), 콩 등의 가루를 기근 때 대체 식량으로 사용했다는 기록이 있다.

『임원십육지』에는 여러 작구법(作糗法) 외에 '찹쌀을 볶아 가루를 내어 꿀물에 탄 나미초(糯米麨:찹쌀 미숫가루)를 여름철 음료로 복용하면 배고픔과 갈증을 그치게 한다'고 설명하고 있다.

『규합총서(閨閤叢書)』에는 8가지 약재를 넣어 떡을 만든 뒤 건조시켜 가루를 내어 저장하면서 필요할 때 꿀물에 타 먹는 구선왕도고(九仙王道糕) 미수에 대한 설명이 나온다. 이 음료를 먹고 자라면 병을 앓지 않는다고 했는데 이는 보다 발달된 가공법이라 하겠다.

한편 『재물보(材物譜)』에서는 초면(麨麵)을 미시라고 표기하였다. 근대의 조리서인 『조선무쌍신식요리제법(朝鮮無雙新式料理製法)』에 미시 만드는 법을 미식(糜食)이라고도 표기했으며 초가 곧 미시라고 설명되어 있다. 또 『조선요리제법』에서는 여러 곡물을 이용하여 만든 미숫가루를 꿀물에 탄 것을 미수라고 했으며 여름철 음식이라고 하였다.

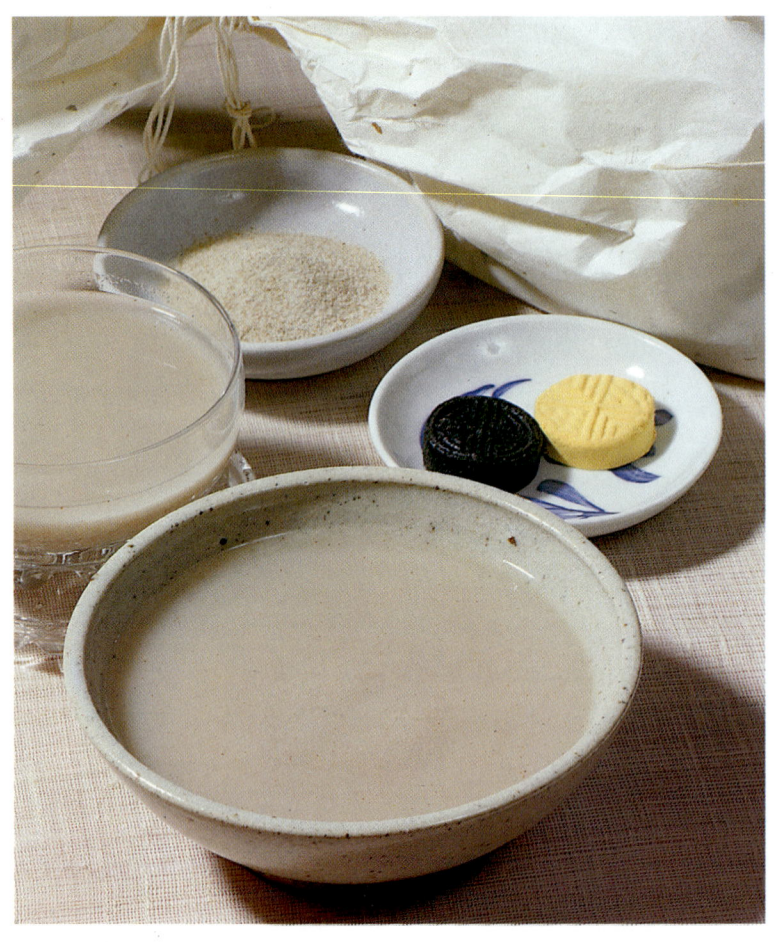

구선왕도고 미수 구선왕도고가루를 이용하여 만든 음료로서 미음으로도 먹을 수 있어 약식동의의 의미가 잘 깃든 음식이라 할 수 있다.

미수에는 찹쌀 미수가 대표적이며 그 밖에 보리·율무·잡곡 미수 등이 있다. 재료로는 찹쌀·멥쌀·보리·율무·검정콩·검은깨·차수수·도토리 등이 쓰이며 각각 볶아서 가루를 내어 미숫가루를 만들어 기호에 맞게 섞어 사용하면 좋다.

구선왕도고(九仙王道糕) 미수

『동의보감』과 19세기 가정 요리 백과서인 『규합총서』에서는 구선왕도고 미수의 효능으로 '정신을 기르고 원기를 부양하며, 비위를 건강하게 하고 음식을 증진시키며 폐병을 보하고 기육(肌肉)을 낳으며 습열을 없앤다'고 설명하고 있다.

구선왕도고는 미음으로도 먹을 수 있어 약식동의의 의미가 잘 깃들어 있는 음식이며 예로부터 이것을 이용한 음식을 음복하면 건강에 매우 좋다고 알려져 있다.

재료 쌀가루 10킬로그램, 연육 160그램, 백복령 160그램, 율무 160그램, 산약초 160그램, 맥아초 80그램, 검인 80그램, 백편두 80그램, 시상(곶감분) 40그램, 설탕 800그램.

구선왕도고가루는 율무와 맥아초(麥芽炒), 백편두초(白偏豆炒), 검인(芡仁), 시상(柿霜)을 가루로 만들어 설탕, 멥쌀가루와 잘 섞은 다음 떡을 쪄 햇볕에 말려 가루로 만든 것으로 미음 또는 미수로 사용한다. 어린아이의 암죽을 만드는 데 좋다. 원기를 부양하며 비위를 건강하게 하고 식욕을 증진시킨다.

백편두(白偏豆, *Dolichos lablab*)는 1년생 덩굴성 풀인 편두의 종자로 10~11월 성숙한 종자를 채취하여 햇볕에 말린 뒤 그대로 분쇄하여 사용한다. 성질이 고르고 맛은 달다. 위를 튼튼하게 하고 설사나 고기를 먹고 체한 데 좋다.

복령(茯苓)은 땅속의 솔뿌리에 기생하는 불완전 균류의 한 가지이다. 백복령은 흰 복령을 말하는데 담증, 부증(浮症), 설사 등에 효험이 있다고 한다. 연육(蓮肉)은 연꽃 열매의 살을 말하며 산약초는 마의 덩이 뿌리이다. 시상은 시설(柿雪)이라고도 하며 곶감에 생긴 흰 분가루를 말한다.

만드는 법 연육, 백복령, 산약초, 율무, 맥아초, 검인, 백편두, 시상을 가루로 만들어 쌀가루와 약재를 혼합한 가루의 비율이 10:1이 되도록 한데 섞는다. 물과 설탕을 반반씩 섞은 설탕물 시럽을 만들어 가루에 넣어 가면서 손으로 잘 비벼서 체에 내린 뒤 떡을 찐 다음 잘 말린다. 마르거든 찧어 살짝 볶아 미수를 만들어 꿀물 ― 미숫가루 3큰술, 물 1컵, 꿀 1큰술 ― 에 타 먹으면 갈증이 풀린다.

찹쌀 미수
재료 찹쌀, 꿀.

만드는 법 찹쌀을 씻어 물에 담가 하룻밤이 지나면 건져 시루에 충분히 찐 다음 흰 보자기에 알알이 떼어 넣어 바싹 말린다. 이 것을 노르스름하게 볶아 키로 까부른 다음 곱게 갈아 고운 겹체에 친다. 한지 봉지에 넣어 두고 여름에 꿀물에 타 마신다.

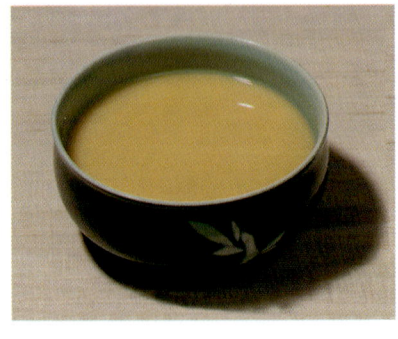

찹쌀 미수 찹쌀을 쪄서 말리고 볶은 다음 곱게 가루를 내어 여름에 꿀물에 타 마신다.

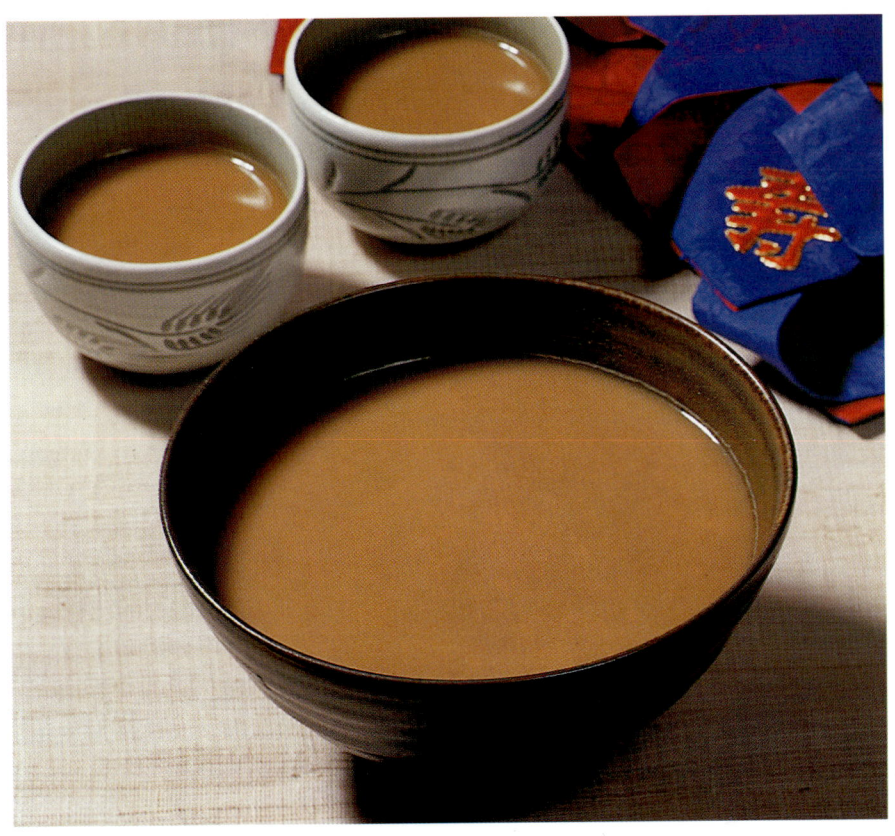

보리 미수 햇보리쌀을 충분히 불려 푹 찐 다음 바싹 말려 볶아 곱게 갈아 가루로 만들어 꿀물에 타 마신다.

보리 미수

재료 보리쌀, 꿀.

보리(*Hordeum vulgare* var. *hexastichon*)는 벼과의 1∼2년생 초본 식물로 오곡 가운데 하나인 중요한 재배 작물이다. 우리나라 남부 지방에서 재배되며 주식으로 쓰여 왔으나 최근에는 식생활의 변화로 탁주, 엿기름, 감주, 된장, 고추장, 보리차, 보리 음료 등의 식품

공업 원료와 사료로 사용된다.

　보리에는 탄수화물이 많이 들어 있으며 단백질·칼슘·인 등을 함유하고 있다. 또 비타민 B_1과 B_2를 함유하고 있어 각기병 등을 예방하는 데 좋다.

　만드는 법　잘 찧은 햇보리쌀을 충분히 불려 푹 찐 다음 바싹 말려 볶아 곱게 갈아 가루로 만들어 꿀물에 타 마신다.

율무 미수

　재료　율무, 꿀.

　만드는 법　율무를 물에 담가 놓고 자주 물을 갈아 주어 붉은 물을 우려낸다. 깨끗이 씻어 낸 뒤에 건져서 찐다. 이것을 바싹 말려서 볶아 가루로 만들어 꿀물에 타 마신다.

율무 미수　율무를 물에 담가 자주 물을 갈아 주어 붉은 물을 우려낸 다음 건져서 찌고 이것을 말려 가루로 만들어 꿀물에 타 마신다.

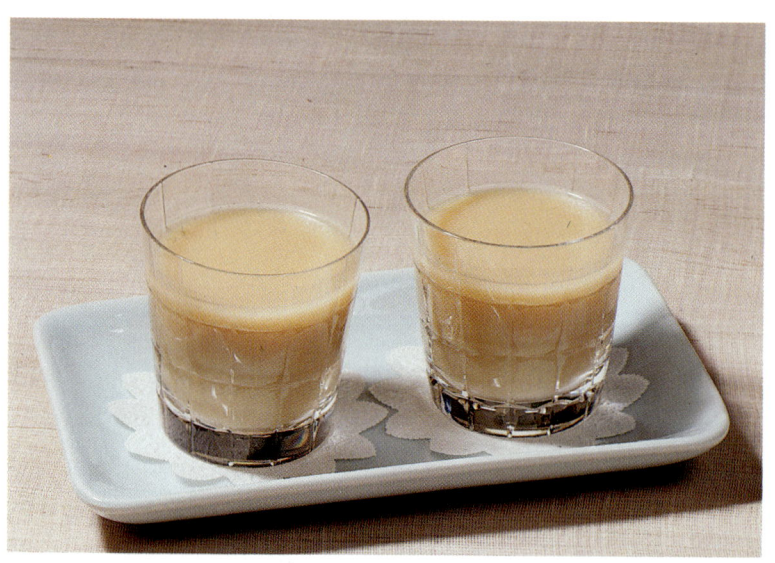

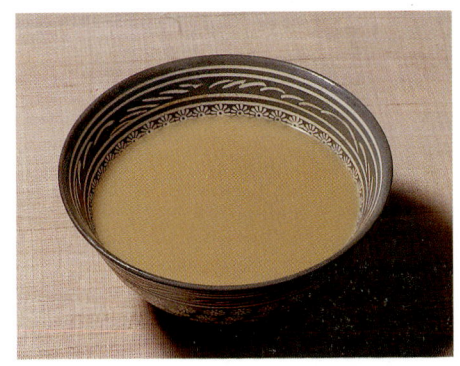

잡곡 미수 찹쌀과 보리를 미숫가루로 만들어 놓은 뒤 검정콩, 검은깨를 각각 가루로 만들고 전부 섞어 꿀물에 타 마신다.

잡곡 미수

재료 찹쌀, 보리, 검정콩, 검은깨, 꿀.

만드는 법 찹쌀, 보리를 각각 앞의 방법과 같이 미숫가루로 만들어 둔다. 검정콩은 볶아서 껍질을 벗기고 맷돌에 갈아 가루로 만든다. 검은깨는 돌을 잘 일고 껍질을 벗긴 뒤 깨끗이 씻어 볶아서 가루로 만든다. 앞의 것을 전부 섞어 두고 필요할 때마다 꿀물에 타 마신다.

오미자 국물을 이용한 음료(화채)

오미자는 6, 7월에 꽃이 핀다. 가을에 열매를 채취해서 햇볕에 말린 것을 물에 담가 그 국물로 갖가지 화채를 만든다. 진달래 화채·순채 화채·가련 화채·장미 화채·창면 등이 있다

진해 작용, 거담 작용, 혈압 강하 작용, 강심 작용, 자궁 수축 작용 등의 약리 작용을 가지고 있다. 오미자의 붉은 색깔은 안토시아닌 류이다.

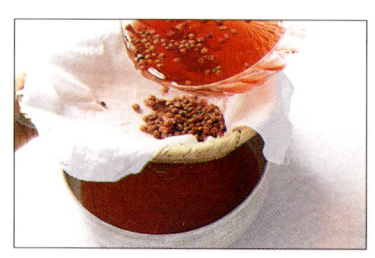

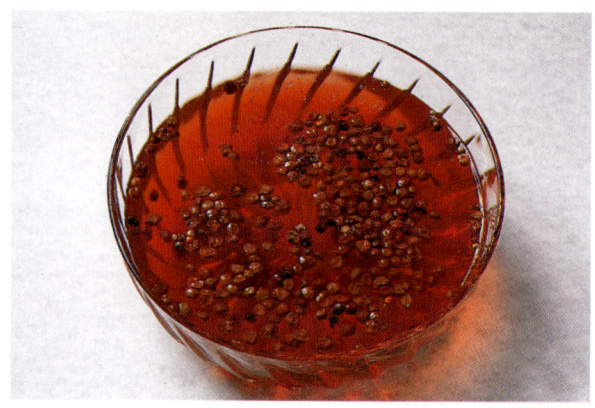

오미자 국물 만드는 과정

끓여 식힌 미지근한 물에 오미자를 하룻밤 담가 놓으면 물이 진달래 색으로 곱게 우러나는데 이때 고운 겹체에 오미자 국물을 밭친다.(맨 위)

꿀이나 끓여 식힌 설탕물을 넣어 색과 신맛, 단맛을 조절한다.(위)

오미자 국물

재료 오미자 1컵, 물 10컵, 꿀 반 컵, 설탕 1컵 반.

만드는 법 첫서리를 맞은 잘 익은 오미자를 골라서 티를 고르고 깨끗이 씻는다. 끓여 식힌 미지근한 물에 하룻밤 담가 놓으면—15시간 이상—물이 진달래 색으로 곱게 우러난다. 고운 겹체에 오미자 국물을 밭쳐서 꿀이나 끓여 식힌 설탕물을 넣어 색과 신맛, 단맛을 조절한다. 이 오미자 국물은 화채에 널리 이용된다.

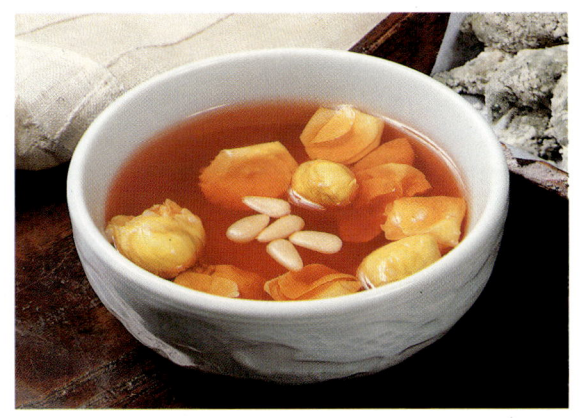

장미 화채 황장미 꽃송이를 이용하여 만든 초여름의 청량 음료이다.

장미 화채

장미 화채는 19세기 한글 조리서인 『시의전서』에 초여름의 청량 음료로 기록되어 있다.

재료 황장미 5송이, 녹두 녹말가루 2큰술, 오미자 국물 3컵, 잣 1작은술.

만드는 법 황장미 꽃송이를 각각 흩어 물에 씻는다. 녹두 녹말가루를 묻혀 팔팔 끓는 물에 넣고 잠깐 삶아 건져 냉수에 씻어 낸 뒤 오미자 국물에 넣고 잣을 띄운다.

순채 화채

재료 순채 10잎, 녹두 녹말가루 2큰술, 오미자 국물 또는 꿀물 3컵, 꿀 4큰술, 잣 1작은술.

순채(蓴菜, *Brasenia schreberi*)는 연못에서 자라는 다년생 풀로 뿌리줄기가 옆으로 가지를 치면서 자라고 원줄기는 수면을 향해 길게 자라며 드문드문 가지를 친다.

잎이 피려고 할 때 어린줄기와 더불어 우무 같은 점질의 투명체로 덮이며 완전히 자란 잎은 수면에 뜬다. 우무 같은 것으로 싸여

있는 어린잎을 식용하며 원줄기와 잎은 이뇨제로 사용한다. 성질이
차고 맛은 달고 독이 없다.

순채는 우리 고유의 채소이다. 소백산맥 서쪽에 위치한 전라도의
순채가 고서(古書)에 자주 나오며 고려 말의 『목은집』에 순채에 대
한 기록이 보이는데 이로 보아 예로부터 즐겨 먹었음을 알 수 있다.
또 순채에 꿀이나 참기름 등을 발라 먹으면 그 청정무구한 맛이 바
로 마음의 문을 연다고 했다.

순채는 인체에 쌓인 백 가지 독소를 제거한다고 하며 당뇨, 위궤
양, 피부 종양에 특효가 있다고 한다. 소갈증을 치료하고 장과 위를
보하며 과음이나 숙취에도 효능이 있다.

만드는 법　여린 순채잎을 꼭지를 따고 씻어 녹두 녹말가루를
묻혀 팔팔 끓는 물에 살짝 데친다. 찬물에 잠깐 담근 뒤 건져 오미

순채 화채　순채잎에 녹두 녹말가루를 묻혀 끓는 물에 데친 다음 찬물에 담근 뒤 건
져 오미자 국물에 넣는다.

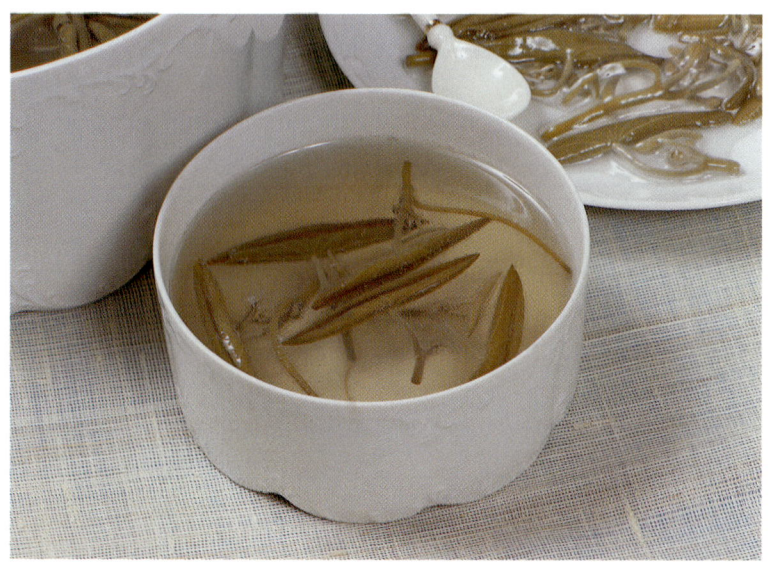

자 국물이나 꿀물에 넣고 잣을 띄운다. 또 구기자즙에 띄워 내는 방법도 있다.

진달래 화채(두견 화채)

봄을 가장 먼저 느끼게 해주는 청량 음료이다. 음력 3월 3일인 삼짇날 산과 들에 만발한 진달래꽃을 따다가 화채나 화전을 만들어 먹음으로써 자연과 자신을 일치시켜려 했던 선조들의 자연관이 잘 스며 있는 음료이다.

진달래 화채는 궁중 음식의 하나로 그 향기와 빛깔로 인해 일명 두견 화채라고도 한다.

재료　진달래꽃 20송이, 녹두 녹말가루 2큰술, 오미자 국물 3컵, 잣 1작은술.

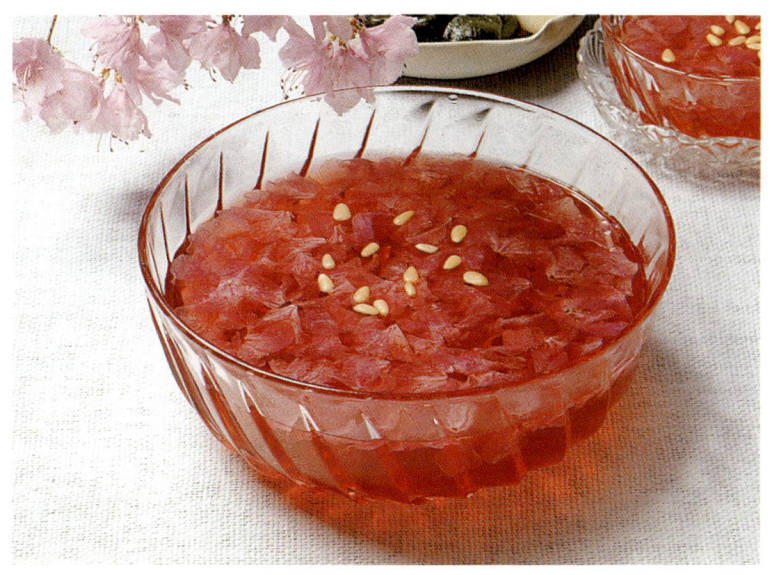

진달래 화채　진달래 화채는 봄을 가장 먼저 느끼게 해주는 청량 음료로 그 향기와 빛깔로 인해 일명 두견 화채라고도 한다.

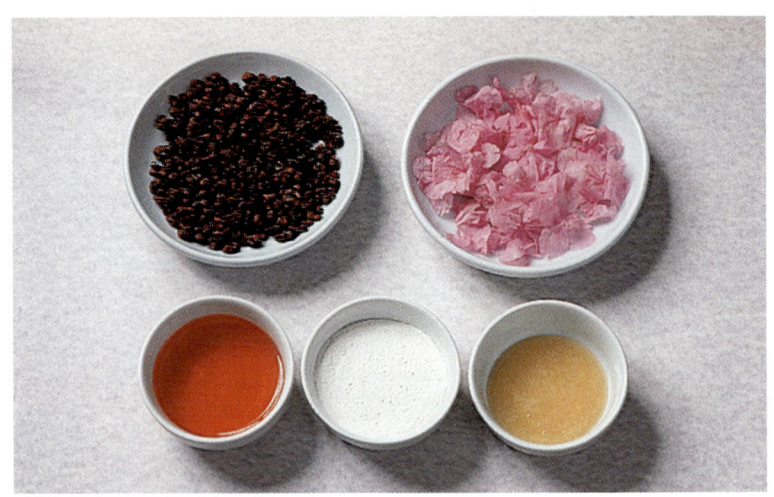

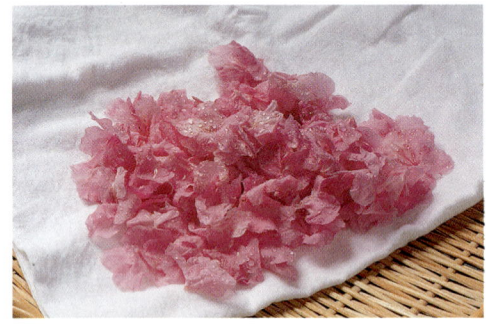

진달래 화채 재료 오미자, 진달래꽃, 오미자 국물, 녹두 녹말가루, 꿀.(맨 위)

진달래꽃 진달래 꽃잎은 예로부터 약재로 이용되었고 그대로 먹을 수도 있어 참꽃이라 불린다.(위)

진달래 화채 만드는 과정

1. 진달래꽃을 모아 꽃술을 떼어 낸다.
2. 진달래꽃을 깨끗이 다듬어 씻은 다음 물기를 어느 정도 걷어 내고 녹두 녹말가루를 살짝 묻힌다.
3. 끓는 물에 녹두 녹말가루를 묻힌 꽃을 살짝 데쳐 내어 찬물에 헹군다.
4. 준비해 둔 오미자 국물에 꿀을 타고 데쳐 낸 꽃잎을 띄우고 잣을 곁들인다.

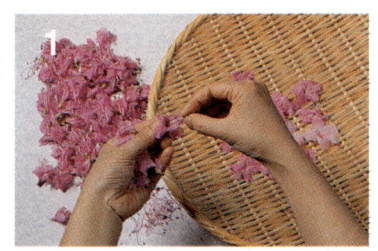
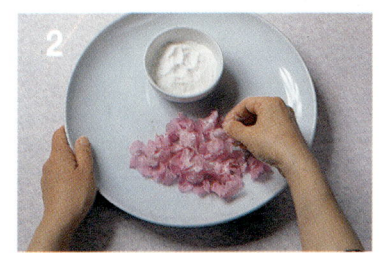
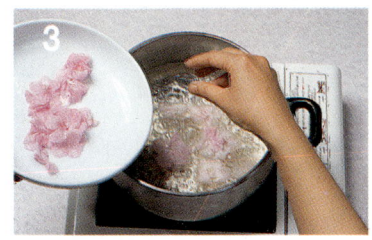
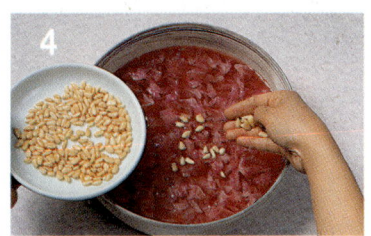

　진달래 꽃잎은 예로부터 약재로 이용되었고 그대로 먹을 수도 있어 참꽃이라 불린다.

　만드는 법　진달래꽃을 따서 꽃잎이 상하지 않도록 조심스럽게 씻어 물기를 뺀다. 꽃술을 뗀 꽃잎에 녹두 녹말가루를 묻혀 끓는 물에 살짝 데친 다음 찬물에 씻어 건져 오미자 국물에 넣고 잣을 띄운다.

가련(加蓮) 화채

　재료　여린 연잎 7개, 녹두 녹말가루 2큰술, 오미자 국물 3컵, 잣 1작은술.

　만드는 법　아직 피지 않은 돌돌 말린 연잎을 줄기째 따서 끓는 물에 살짝 데친 다음 찬물에 3, 4시간 정도 담가 쓴맛을 뺀다. 줄기를 자르고 돌돌 말린 연잎의 길이를 2등분 하여 녹두 녹말가루를 씌우고 끓는 물에 다시 살짝 데쳐서 찬물에 담갔다가 건져 둔다. 그릇에 연잎을 담고 오미자 국물을 붓고 잣을 띄운다.

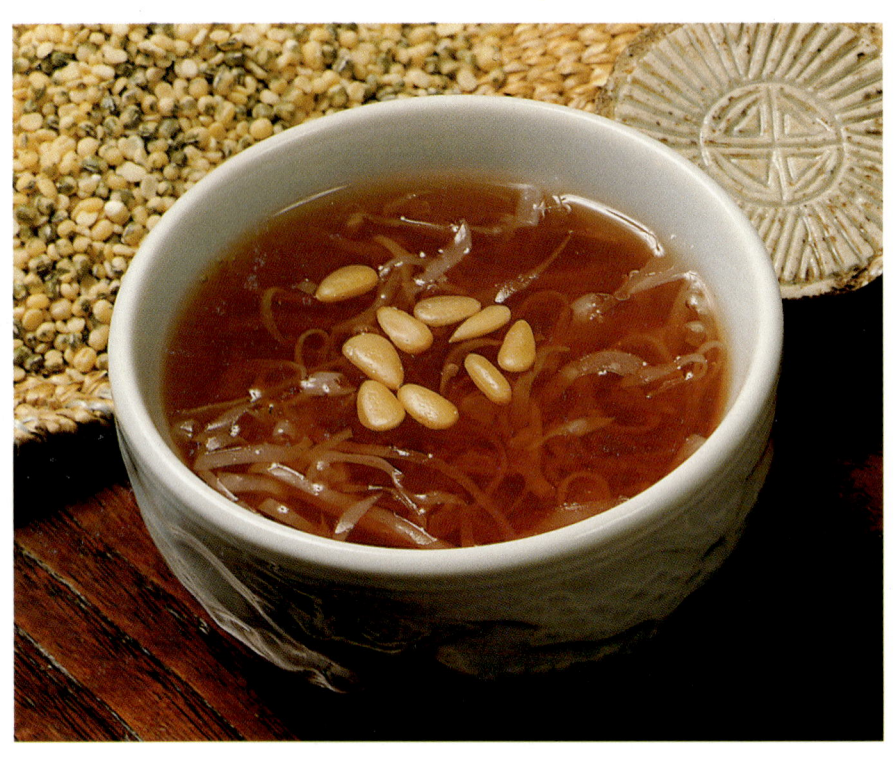

창면 녹두 녹말가루를 이용하여 면을 만든 다음 채치고 오미자 국물을 부어 잣이나 석류알을 띄워 낸다.

연잎은 따서 즉시 끓는 물에 데쳐야 한다. 연잎은 잠시만 손에 쥐고 있어도 체온에 의해 돌돌 말렸던 것이 피어나기 때문이다.

창면(昌麵)

재료　녹말 반 컵, 물 1컵, 오미자 국물 3컵, 잣(석류알) 1작은술.

만드는 법　녹말을 물에 풀어 20분 정도 두었다가 웃물은 버린 다음 물을 한 번 더 붓고 저어서 고운 체나 얇은 헝겊으로 거른다. 넓은 그릇에 물을 끓이고 밑이 평평한 양재기에 풀어 놓은 녹말물을 바닥에 얇게 깔릴 정도로 붓고 중탕한다. 거의 다 익으면 그릇째 끓는 물 속에 집어 넣어 완전히 익힌 다음 꺼내 찬물에 식혀 야들야들한 얇은 면을 가만히 건져 낸다.

면이 식으면 채를 쳐서 화채 그릇에 담고, 오미자 국물을 붓고 잣이나 석류알을 띄워 낸다. 면을 만들 때에는 한 장씩 할 때마다 풀어 놓은 녹말물을 충분히 저어가며 해야 한다. 화면, 책면 등도 만드는 방법은 동일하다.

밀수(꿀물)를 이용한 음료

꿀물이나 설탕을 끓여 시럽을 만들어 송홧가루를 띄운 송화 밀수, 배숙, 향설고, 수단 등을 말한다. 수단은 곡물을 그대로 삶거나 또는 가루 내어 흰떡 모양으로 빚어서 썬 다음 녹두 녹말가루를 씌워 삶아 내고 꿀물에 넣어 먹는 것이다.

수단은 계절에 따라 만드는 방법도 달라진다. 초여름에는 햇보리에 녹두 녹말가루를 씌워 삶아 만든 보리 수단을 즐기며 여름철에는 흰떡을 빚어 잘라 만든 떡 수단을, 겨울철에는 찹쌀가루를 반죽하여 색색이 물들여 원소병을 만든다. 수단은 오미자 국물을 이용해도 좋다.

꿀은 주로 감미료로 쓰이며 특유한 풍미와 습기를 보존하는 성질이 있어 과자를 제조하는 데 쓰인다. 최근에는 영양학적인 가치 이외에 살균, 소염, 조혈, 세포 부활성 등에 대한 의학적 효능이 재평가되고 있다.

송화 밀수

송화 밀수는 궁중 음식의 하나로 여름날 더위를 가시게 해주는 음료이다.

재료 송홧가루 1큰술, 꿀물(또는 설탕물) 3컵, 잣 1작은술.

송홧가루(소나무, *Pinus densiflora*)는 5, 6월에 채집한다. 송화가 반쯤 필 무렵에 꽃대째 꺾어 넓은 그릇에 펴서 말린 다음 꽃대를 툭툭 털어 가루만 모아 통풍이 잘 되는 장소에 매달아 두고 쓴다. 중풍, 고혈압, 심장병에 좋고 폐를 보호하며 신경통, 두통 등에도 효과가 있다.

송홧가루 만드는 법 봄에 송화가 활짝 피기 전에 따서 3, 4일 잘 말린 뒤 깨끗한 보자기에 싸서 털어 받는다. 이렇게 받은 송홧가루를 물을 가득 채운 자배기에 넣어 잘 저은 다음 바가지를 물에 띄우면 바가지 밑에 송화가 붙는다. 이것을 다른 물 그릇에 다시 띄우기를 대여섯 번 하여 잡물과 쓴맛을 없애는데 이 방법을 수비(水飛:곡식의 가루나 그릇 만들 흙을 물에 풀어 휘저어서 잡물을 없애는 일)라고 한다. 이렇게 모은 깨끗한 송화를 한지에 잘 펴서 말린 다음 고운 체로 쳐서 다식이나 송화 밀수 등에 사용한다.

만드는 법 끓여서 식힌 물이나 생수에 꿀(또는 설탕)을 타서 꿀물을 만든 다음 송홧가루를 타고 잣을 띄워 마신다.

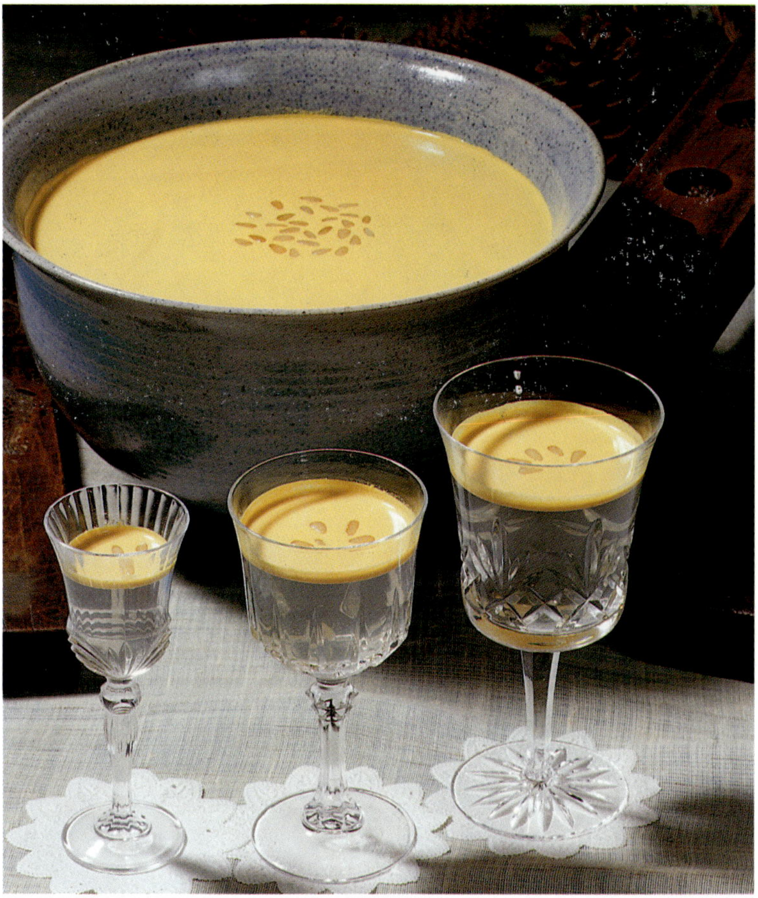

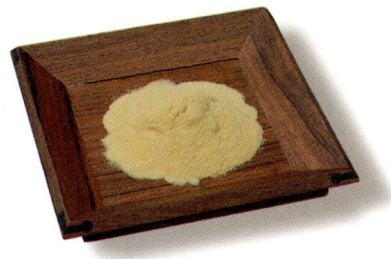

송화 밀수 궁중 음식의 하나로 여름날 더위를 가시게 해주는 음료이다. 꿀물에 송홧가루를 타고 잣을 띄워 마신다.(위)

송홧가루 송화를 한지에 잘 펴서 말린 다음 고운 체로 쳐서 다식이나 송화 밀수에 사용한다. 중풍, 고혈압, 신경통에 좋고 폐를 보호한다.(오른쪽)

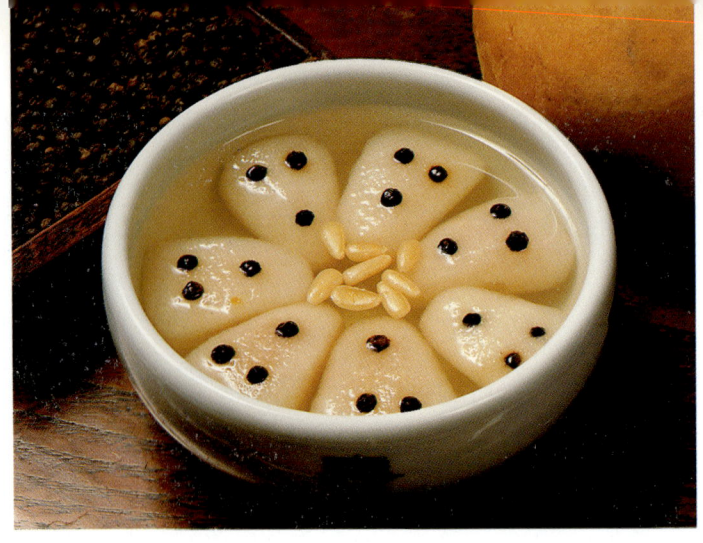

배숙 배와 후추의 약이성을 살린 음료로 조선시대에 민간에서는 구경조차 하기 힘든 매우 귀한 궁중 음식이었다.

배숙(梨熟)

배숙은 배에 후추를 박아 꿀물이나 설탕물에 끓여 식힌 음료이다. 조선시대에는 민간에서는 구경조차 하기 힘든 매우 귀한 궁중 음식 이었다. 배와 후추의 약이성을 살린 음료이다.

재료 배 2개, 통후추 1큰술, 물 3컵 반, 생강 50그램, 설탕(꿀) 2 분의 1컵, 유자 4분의 1개, 잣 1작은술.

배(梨, *Pyrus sinensis*)는 배나무의 열매로 꽃은 백색이며 과실은 대개 둥글지만 품종에 따라 차이가 있다. 주로 생식하고 서양 배로 는 통조림도 만든다. 성질이 차고 맛은 달고 시며 독이 없다. 갈증 을 푸는 데 좋아 한방에서 청량 지갈약(淸凉止渴藥)으로 사용한다.

만드는 법 배를 네 쪽으로 쪼개어 껍질을 벗긴 다음 속을 도려 낸다. 가장자리를 예쁘게 다듬은 다음 배의 등쪽에 통후추를 3, 4개 깊숙이 박는다. 생강을 얇게 저며 물에 넣고 끓이다가 설탕과 준비 한 배를 넣고 다시 끓여 식힌다. 생강은 제거하고 화채 그릇에 담을 때에 유자즙을 넣고 잣을 띄워 낸다.

향설고(香雪膏)

향설고는 가을 냄새가 풍기는 화채이지만 주로 겨울철 음료로 이용된다.

재료 문배(작은 것) 2개, 생강 80그램, 설탕 1컵, 물 3컵, 꿀 3큰술, 통후추 1큰술, 계핏가루 약간, 잣 1큰술.

만드는 법 산에서 나는 시고 단단한 문배를 골라 4등분 하여 껍질을 벗기고 속을 도려 낸다. 생강, 설탕, 물을 넣고 끓여 생강차를 만든다. 통후추를 배에 드문드문 박아 생강차에 넣고 약한 불에서 끓인다. 생강물이 배면 꿀을 넣고 차게 식혀 계핏가루와 잣을 띄워 화채 그릇에 담아 마신다.

보리 수단

여름철 시식(時食)이다. 보리 수단에 국화잎을 띄워 내도 운치가 있다.

보리 수단 삶은 보리쌀에 녹두 녹말가루를 씌워 다시 끓는 물에 삶아 건져 찬물에 헹군다. 이 과정을 4회 반복한 뒤 오미자 국물에 보리쌀을 넣고 잣을 띄운다. 여름철 시식으로 좋다.

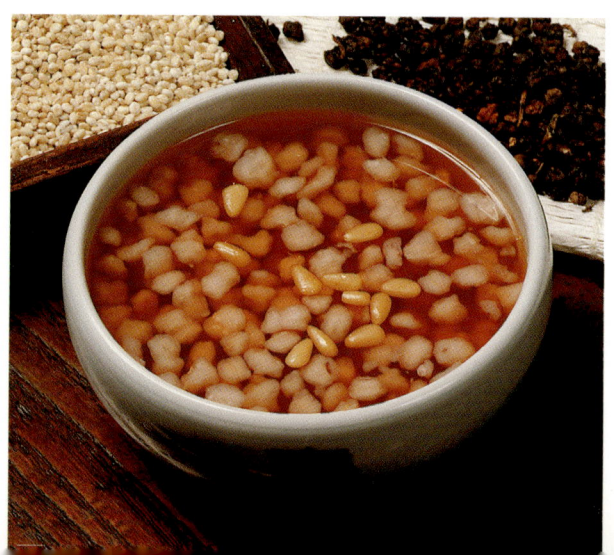

재료 보리쌀 4큰술, 녹두 녹말가루 3분의 1컵, 오미자 국물 3컵, 잣 1작은술.

만드는 법 보리쌀을 박박 문질러 깨끗하게 씻고 푹 삶아 찬물에 헹궈 건진다. 삶은 보리쌀에 녹두 녹말을 씌워 다시 펄펄 끓는 물에 삶아 건져 찬물에 헹군다. 이 과정을 4회 정도 반복한다. 오미자 국물에 보리쌀을 넣고 잣을 띄운다. 삶은 통보리 대신에 보릿가루를 반죽해 써도 좋다.

떡 수단

유월 유두 때에는 절식 풍습으로 수교의(만두)와 떡 수단을 함께 먹었다.

재료 가래떡 2가래, 녹두 녹말가루 3분의 1컵, 꿀 4분의 3컵, 물 3컵, 잣 1작은술.

만드는 법 가래떡을 지름 1센티미터 정도로 뽑아 길이 1센티미터 정도로 썬다. 여기에 녹두 녹말가루를 묻혀 끓는 물에 삶은 다음 찬물에 헹궈 차게 둔다. 꿀물을 차게 식히고 만들어 둔 떡을 넣고 잣을 띄워 낸다.

원소병(元宵餅)

원소(元宵)는 정월 보름날 밤이라는 뜻으로 원소병은 설날에 해 먹는 절식의 뜻이 담겨 있다. 그러나 여름철 음료로도 매우 좋다. 또 다른 한자어인 원소병(圓小餅)은 작고 동그란 떡이라 하여 붙여진 이름이라고 생각된다. 한편 『조선무쌍신식요리제법』에서는 '옛날 중국의 삼국(三國) 시기에 원소(袁紹)가 만들어 먹던 떡이라고 해서 원소병(袁紹餅)이라는 이름이 붙여졌다'고 설명되어 있다.

재료 찹쌀가루 1컵, 치자 1개, 쑥 2분의 1컵, 오미자 3분의 1컵,

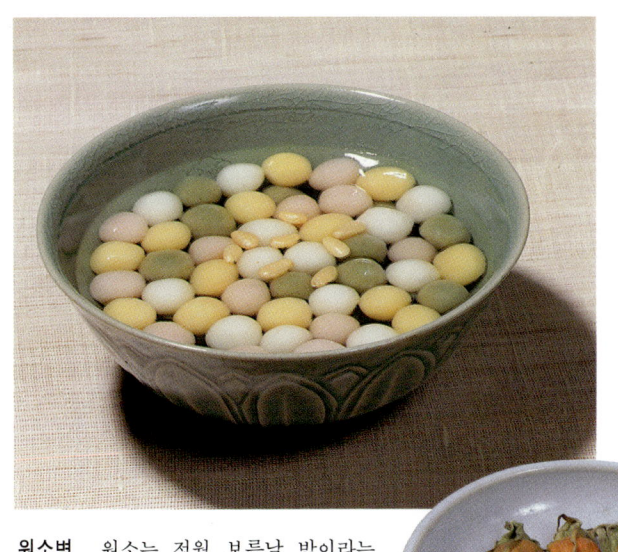

원소병 원소는 정월 보름날 밤이라는 뜻으로 원소병은 설날에 해먹는 절식이다. 여름철 음료로도 좋다.(위)

치자 치자 열매는 이뇨 작용을 촉진시켜 몸이 부은 것을 풀어 주며 답답한 우울증을 풀어 준다.(오른쪽)

곶감 30그램, 유자청 건지 1큰술, 녹두 녹말가루 3큰술, 물 4컵, 설탕 1컵, 꿀 1큰술, 잣 1큰술.

치자(梔子, *Gardinia jasminoides*)는 치자나무의 열매를 말한다. 치자나무는 상록 관목(常綠灌木)으로 50센티미터쯤 자란다. 꽃은 6, 7월에 백색으로 피고 열매는 9, 10월에 열리며 우리나라 남부 지방에서 흔히 재배되고 있다. 10월경에 잘 익은 열매를 채취하여 햇볕에 말리거나 불로 말린다.

성질이 차고 맛은 쓰며 독이 없다. 이뇨 작용을 촉진시켜 몸이 부은 것을 풀어 주며 답답한 우울증을 풀어 준다. 치자 열매는 천을 노랗게 염색하거나 빈대떡, 전을 물들이는 데 사용되기도 한다.

만드는 법 찹쌀가루 1컵을 4등분 한다.

치자를 씻어 쪼개 물 반 컵을 부어 우리고, 헝겊에 걸러 노란색의 즙을 만든다. 잘 씻은 쑥을 찧어 생즙을 내 파란색이 되게 한다. 오미자는 물 1컵에 하룻밤 담가 두었다가 고운 체에 밭쳐 붉은색을 만든다.

손질한 곶감과 유자청 건지를 곱게 다져 섞어 소를 만든다. 곶감과 유자 대신 귤병으로 소를 만들어도 좋다. 4등분을 하여 둔 찹쌀가루를 각각 앞에서 만든 세 가지 즙과 끓는 설탕물로 익반죽하여 노랑, 빨강, 파랑, 흰색을 낸다.

반죽을 은행알 크기만큼씩 떼어 그 속에 소와 잣 1, 2알을 넣고 뭉쳐 동그랗게 빚는다. 반죽하여 빚은 것에 녹말을 씌워 끓는 물에 삶아 내고 다시 찬물에 담갔다가 건진다. 화채 그릇에 준비한 재료들을 담고 꿀이나 설탕물을 부은 다음 잣을 띄워 낸다.

약재를 이용한 음료

향약이성 약재를 달여 꿀이나 설탕을 타서 기호성도 높이고 몸을 보양하는 음료이다. 한 가지 약재를 사용하거나 여러 가지 약재를 혼합하여 조화롭고 오묘한 맛을 내는 특징이 있다. 수정과, 제호탕, 계피 화채, 생강 화채 등이 있다.

수정과(水正果)
수정과는 주로 설날에 만드는데 말랑말랑한 곶감의 단맛과 계피와 생강의 향이 잘 어우러져 특유의 향미를 지니고 있다. 곶감이 마른 다음부터 정이월까지 식혜와 함께 잘 마시는 찬 음료로 그 제조

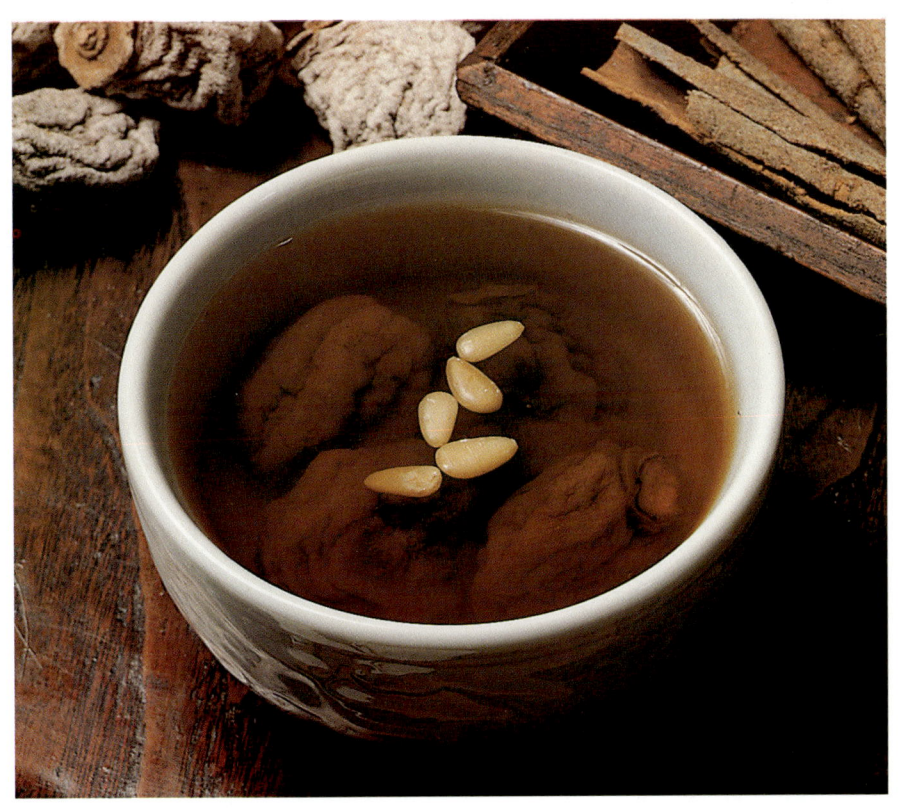

수정과 말랑말랑한 곶감의 단맛과 계피와 생강의 향이 잘 어우러져 특유의 향미를 지니고 있는 음료이다.

법이 단순해 누구나 손쉽게 만들 수 있는 겨울철 전통 음료이다.

19세기 말 조리서인 『시의전서』에서는 '수정과는 좋은 건시(乾柿)를 냉수에 담그되 물을 넉넉히 부어 흠씬 불린 뒤 생강을 진하게 달여 체에 밭쳐 붓고 꿀을 넣고 잣을 띄워 만든다'고 되어 있다. 18, 19세기 궁중 연회의 절차를 기록한 의궤에서는 계피를 사용하지 않고 있으나 20세기 초의 조리서인 『조선요리제법』에서는 현재와 같이 계피를 이용한 수정과가 선보이고 있다.

재료 곶감 20개, 생강 100그램, 통계피 30그램, 설탕 2컵, 물 20컵, 잣 1큰술.

만드는 법 곶감은 씨를 빼고 손질하여 찬물에 1시간 정도 담가 둔다. 생강은 껍질을 벗겨 씻은 다음 세워서 얇게 저민다. 저민 생강, 통계피를 각각 물에 넣고 끓여 밭친 다음 설탕을 넣고 다시 한 번 끓여 식혀서 손질한 곶감을 넣어 하룻밤 정도 둔다. 화채 그릇에 담고 잣을 띄워 낸다.

생강과 계피는 따로따로 끓여 각각의 특유한 향과 맛을 살린 뒤 합해야 제 맛이 난다. 함께 끓이면 서로의 맛이 상쇄되어 제 맛을 충분히 우려낼 수 없기 때문이다.

제호탕(醍醐湯)

조선시대 단오날에 궁중 내의원에서 제호탕을 제조하여 임금께 올리면 임금은 그것을 기로소(耆老所 : 일흔살이 넘은 문관 정이품 이상 되는 노인이 들어가서 대우 받는 곳)에 다시 내리던 풍습이 있었다.

『동의보감』과 『방약합편』 등에 '더위를 피하게 하고 갈증을 그치게 하며 위를 튼튼하게 하고 장의 기능을 조절하여 설사를 그치게 하는 효능이 있어 단오날에 제호탕을 음용(飲用)하면 여름을 잘 날 수 있다'고 하였다.

인체의 기능이 저하되어 허해지는 여름철에 적합한 매우 합리적인 건강 음료이다. 과거에는 여름에 귀하게 구한 얼음물에 타서 마시면 더없이 좋은 음료였다.

재료 오매육 600그램, 초과 40그램, 백단향 20그램, 축사인 20그램, 꿀 3킬로그램.

초과(草果, *Amomum tsao-ko*)는 중국 남부에서 자생하는 다년생

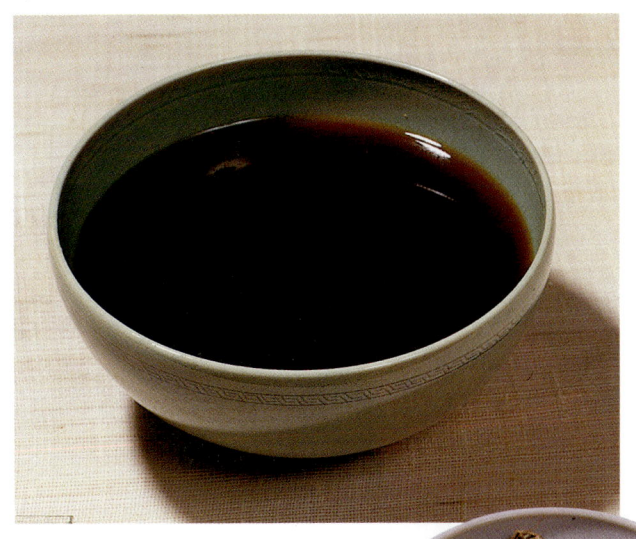

제호탕 인체의 기능이 저하되어 허해지는 여름철에 적합한 매우 합리적인 건강 음료이다. 예로부터 단오날에 제호탕을 마시면 여름을 잘 날 수 있다고 하였다.(위)

초과 성질이 따뜻하고 매운맛을 지니고 있으며, 소화를 촉진시켜 위장병에 좋다.(오른쪽)

풀로 꽃은 5, 6월에 피며 열매는 9, 10월에 열린다. 10, 11월에 성숙한 열매를 채취하여 햇볕에 말리거나 불로 말린다. 껍질을 제거하고 분쇄하여 사용하거나 볶아서 사용한다.

성질이 따뜻하고 맛은 매우며 독이 없다. 비위를 따뜻하게 하여 소화를 촉진시키며 위장병에 좋다.

만드는 법 오매육은 굵게 갈고 초과, 백단향, 축사를 각각 곱게 갈아서 꿀과 함께 끓여서 졸인다. 연고 상태가 될 때까지 10~12시간 정도 중탕한 뒤 항아리에 담아 두고 먹을 때 찬물이나 얼음물에 타서 먹는다.

생맥산(生脈散)

생맥산은 『동의보감』에 의하면 사람의 기를 도우며 심장의 열을 내리게 하고 폐를 깨끗하게 하는 약효가 있다고 한다. 여름에 오미자를 계속 먹어서 오장의 기를 보하라는 것이 바로 이것이다.

맥문동의 약간 쓰고 찬 것이 물에 자양하고 폐기를 깨끗이 하며 여기에 황백의 쓰고 찬 기운을 약간 더해 물의 흐름을 원활히 하여 양쪽 발의 위약(痿弱)함을 없애는 것이다. 또 인삼과 맥문동 및 오미자는 맥을 나게 하는데 이때 맥(脈)이란 바로 원기를 말한다.

재료 맥문동 반 컵(60그램), 인삼 4분의 1컵(35그램), 오미자 4분의 1컵(25그램), 황기 4그램, 감초 4그램, 황백 0.8그램, 물 1.8리터.

황백(黃栢)은 황벽나무의 껍질로 성질이 차서 열로 인한 병을 다스리는 데 사용한다. 나무의 높이는 10미터 안팎이다.

황기(黃芪)는 원기를 돕는 방한(防汗)의 약재로 콩과에 속하는 다년초이다.

인삼(人蔘, Panax ginseng)은 다년생 풀로 40~60센티미터 가량 곧게 자라며 뿌리줄기는 짧고 그 밑에 원주형의 비대한 육질의 뿌리가 달려 있다. 재배삼은 8~10월에, 산삼은 5~10월에 채취하여 햇볕에 말린다. 노두(蘆頭)를 제거하고 잘게 썰어 사용한다.

성질이 약간 따뜻하고 맛은 달며 독이 없다. 주로 오장의 기가 모자라는 것을 치료하고 정신과 마음을 진정시키고 눈을 밝게 하고 마음을 열며 지혜를 더해 준다. 또 폐를 보하며 곽란과 구토를 그치게 하고 폐의 토농(吐膿)과 담을 치료한다.

맥문동(麥門冬, Liriope Platyphylla)은 맥문동의 덩이뿌리(괴근:塊根)를 말한다. 맥문동은 다년생 풀로 키가 15~35센티미터에 이르고, 뿌리줄기는 옆으로 뻗으며 번식하는데 수염뿌리에는 육질의 덩

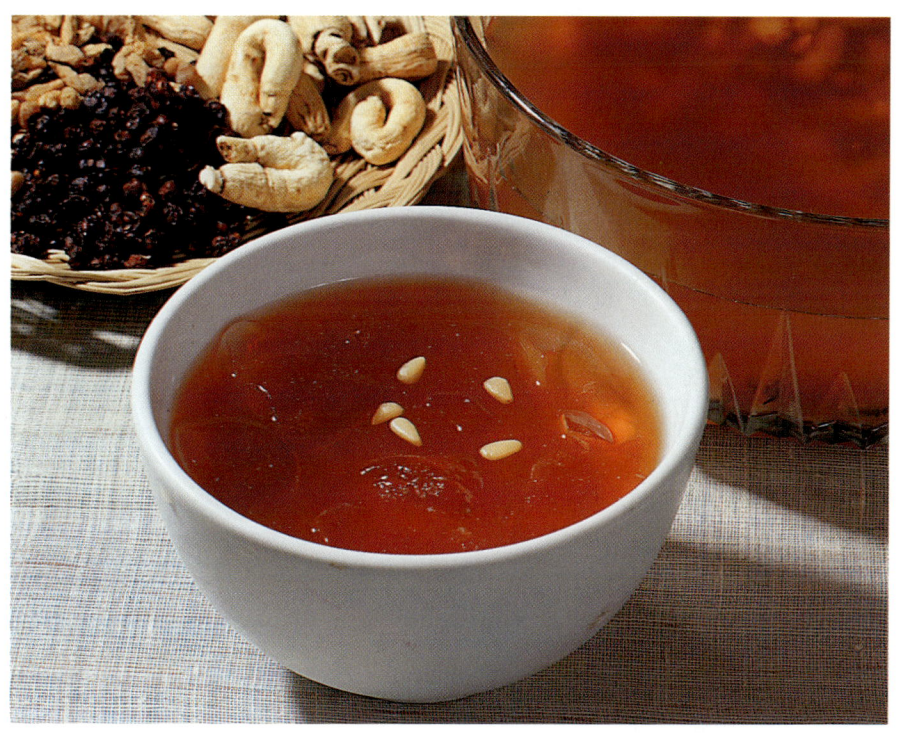

생맥산 사람의 기를 도우며 심장의 열을 내리게 하고 폐를 깨끗하게 하는 약효가 있
는 음료이다.

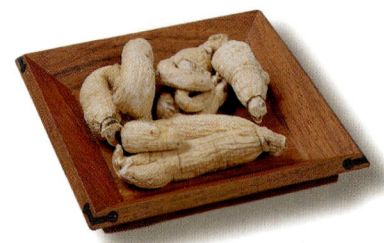

인삼 정신과 마음을 진정시키고 눈을 밝게 하며 마음을 열어 준다.

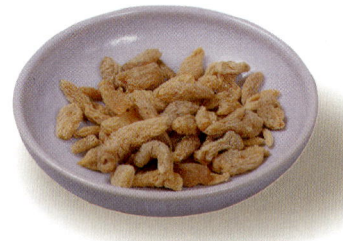

맥문동 성질이 약간 차고 맛은 달며 독이 없다. 폐를 보강해 주어 기침을 멈추게 하는 약효가 있다.

이뿌리가 달린다. 꽃은 6, 7월에 피는데 백색 또는 담자색이며 열매는 10, 11월에 열린다. 우리나라 중남부 산지의 나무 그늘에서 자란다. 덩이뿌리를 4, 5월에 채취하여 깨끗이 씻어 햇볕에 말린다.

성질이 약간 차고 맛은 달며 독이 없다. 폐를 보강해 주어 기침을 멈추게 하며 마음을 든든하게 해준다.

만드는 법 인삼을 살짝 씻은 뒤 보자기에 싸서 잘게 부수고 오미자와 맥문동은 살짝 씻은 뒤 함께 달여서 여름에 끓인 물 대신 복용한다. 또 황기와 감초를 더하거나 황백을 더해서 복용하면 기력이 솟아나고 생기가 돈다.

엿기름을 이용한 음료

쌀밥에 맥아 추출액을 가하여 전분을 당화시킨 우리 고유의 전통

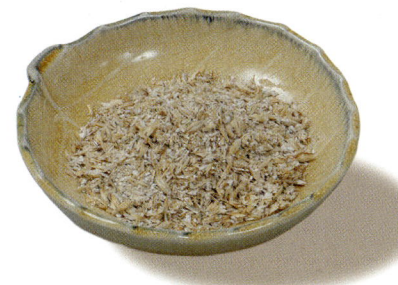

엿기름 성질이 약간 따뜻하고 맛은 달다. 맥아의 효소인 α, β-amylase는 강력한 소화 효소로 위를 다스리는 효과가 있다.

음료로 식혜와 안동식혜가 있다. 맥아는 보리에 수분을 흡수시켜 적당한 온도에서 발아시킴으로써 전분 분해 효소인 α, β-amylase를 다량 생성시킨 것을 말하는데 엿기름이라고도 한다. 이 엿기름의 당화력이 식혜의 맛을 좌우한다

식혜

청자나 백자 대접에 식혜물을 붓고 건져 둔 밥알을 넣으면 꽃잎처럼 밥알이 동동 뜨고, 그 속에 통잣이나 석류알을 띄우면 잣과 석류알이 마치 보석처럼 보여 맛과 향이 좋고 모양이 매우 운치 있는 음료이다.

명절이나 생일, 잔칫날에 어김없이 준비하는 우리의 전통 음료이다. 음식을 푸짐하게 먹은 뒤에 마시면 소화가 잘 되는 훌륭한 음료이며 다과상에도 잘 어울린다.

재료 엿기름가루 4컵, 찹쌀(멥쌀) 5컵, 물 30컵, 설탕 3컵, 생강(또는 유자청 건지) 2뿌리, 잣 2큰술.

만드는 법 체에 친 고운 엿기름가루를 찬물에 잠깐 담가 두었다가 주물러서 고운 체에 걸러 가라앉힌다.

찹쌀 또는 멥쌀을 찌거나 된밥을 지어 뜨거울 때에 전기 보온 밥

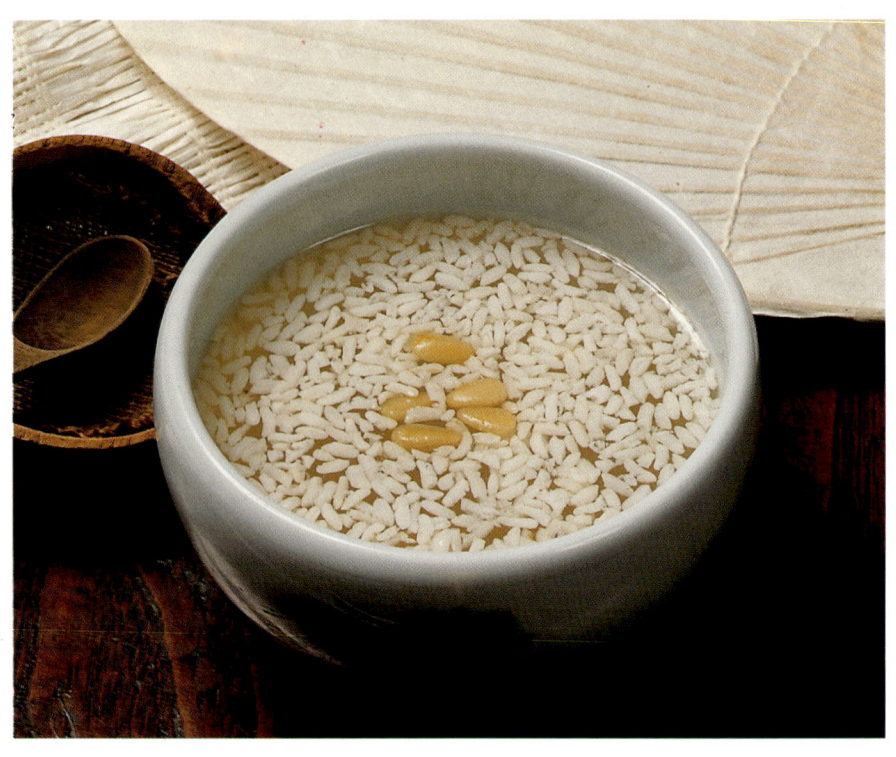

식혜 맛과 향이 좋고 모양이 매우 운치 있는 우리의 전통 음료로 음식을 푸짐하게 먹은 뒤에 마시면 소화가 잘 된다.

솥에 담고 가라앉혀 둔 엿기름의 웃물을 고운 체에 걸러 부으면 4, 5시간쯤 뒤에 밥알이 4, 5개 정도 뜨게 된다. 섭씨 50도에서 6시간 당화시켰을 때 환원당의 함량이 가장 커 맛있는 식혜가 될 수 있다. 이것을 밥알과 함께 잠시 끓여 밥알이 또렷해지면 건져내고 찬물에 충분히 헹궈 물에 잠시 담군다. 단맛이 완전히 없어지면 건져서 물기를 뺀다. 밥알에 단맛이 남아 있으면 식혜물에서 잘 뜨지 않기 때문이다.

밥알을 건져낸 식혜물에 설탕을 넣고 끓인다. 이때 거품이 생기면 계속 걸어 내 깨끗하게 한다. 기호에 따라 끓이면서 생강 몇 쪽을 넣거나 혹은 끓인 식혜물의 뜨거운 기운이 빠진 뒤에 유자청 건지를 조금 넣고 뚜껑을 닫아 향이 충분히 식혜물에 스며들게 한다. 생강, 유자청 건지는 그대로 두고 식혜물만 따라서 쓴다.

다른 방법으로 끓인 식혜 밥알을 건져서 불린 쌀과 함께 다시 푹 끓여서 식혜 암죽을 만들기도 하는데, 이 식혜 암죽은 엿기름의 당화력으로 인해 소화를 돕고 또 질감이 부드러워 이유식으로도 매우 좋다.

안동식혜
경상도 안동 지방의 특유한 향토 음식이다.

식혜를 삭힐 때 고춧가루, 무채, 생강채, 밤채를 함께 넣어 발효시키므로 식혜의 단맛, 무 등의 신맛, 고춧가루의 칼칼한 매운맛이 함께 조화를 이룬 발효 음료이다.

재료 찹쌀 5컵, 엿기름 5컵, 고운 고춧가루 5큰술, 밤채 1과 3분의 2컵, 무 2개, 생강 3뿌리, 잣 3큰술.

만드는 법 찹쌀을 깨끗이 씻어 물에 불린다. 엿기름을 곱게 빻아 물에 담가 주물러서 체에 밭쳐 가라앉힌다. 무, 생강, 밤은 채치

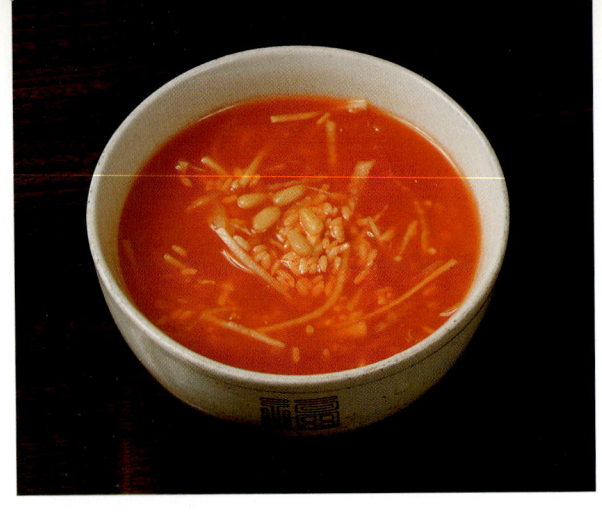

안동식혜 경상도 안동 지방의 특유한 향토 음식으로 식혜의 단
맛, 무 등의 신맛, 고춧가루의 매운맛이 함께 조화를 이룬 발효
음료이다.

고 불려 놓은 찹쌀을 쪄서 뜨거울 때에 엿기름의 맑은 웃물과 섞는
다. 여기에 고춧가루, 밤채, 생강채를 넣어 고루 섞고 작은 항아리에
담아 뚜껑을 덮고 따뜻한 곳에서 발효시킨다. 그릇에 담아 잣을 띄
워 낸다.

과일과 과일즙을 이용한 음료

여름부터 가을까지 수확되는 갖가지 과일을 이용해 다양한 모양
을 내거나 그 과일즙액을 국물로 하고 과일 조각을 띄워 만든 음료
를 말한다.

배 화채
추석의 절식(節食)으로 또 중양절(重陽節)의 시식으로 이용된다.
재료 배 1개, 꿀 약간, 오미자 국물 3컵, 잣 1컵.

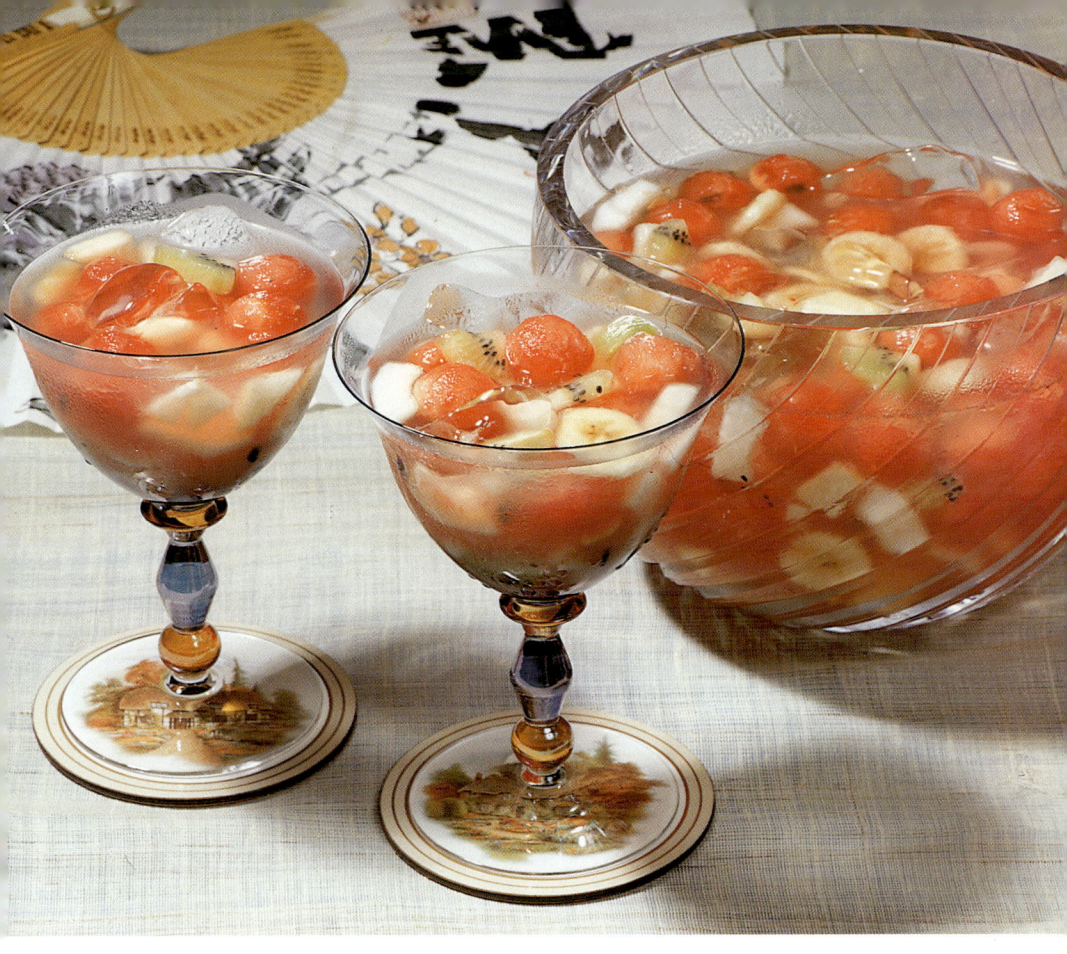

과일 화채 여름부터 가을까지 수확되는 갖가지 과일을 이용해 다양한 모양을 낸 화채이다. 재료는 수박 1통, 참외 2개, 키위 5개, 바나나 3개, 설탕, 꿀이다. 만드는 방법은 먼저 잘 익은 수박을 골라 깨끗이 씻고 꼭지 아래로 전체 3분의 2 정도 되는 곳을 자른다. 수박 뚜껑을 떼고 작고 둥근 숟가락으로 떠내는데 이때 씨는 어느 정도 가려낸다. 참외와 키위는 씻어서 겉껍질을 깎아 내고 모양을 내서 써는데 참외는 씨를 발라낸다. 바나나는 껍질을 벗겨 둥근 채로 썬다. 그릇에 각각 모양을 낸 과일을 담아 설탕에 재워 두고 수박에 생긴 물은 따로 모아 꿀과 설탕으로 단맛을 조절한다. 앞에서 속을 완전히 비운 수박에다 과일을 채우거나 그릇에 담아 기호에 맞게 물을 더하고 얼음을 띄워 낸다.

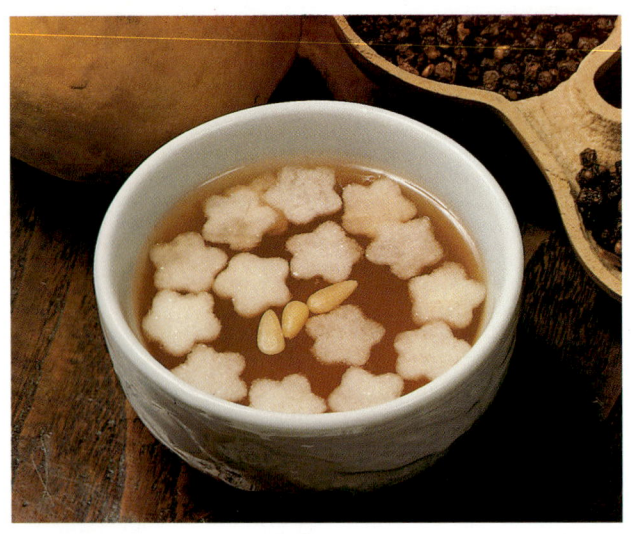

배 화채 추석에 먹는 음식으로 배를 얇게 저며 꿀에 재웠다가 오미자 국물이나 꿀물에 띄우고 그 위에 잣을 곁들인다.

만드는 법 배를 얇게 저며 배꽃 같은 모양으로 똑똑 떠내어 꿀에 재웠다가 오미자 국물이나 꿀물에 띄우고, 그 위에 고깔 뗀 잣을 띄워 낸다. 모양을 내 자른 배를 꿀에 재웠다가 만들기도 한다.

밀감 화채

재료 밀감 1개, 설탕 약간, 오미자 국물(꿀물) 3컵, 잣 1작은술.

만드는 법 밀감은 껍질을 벗기고 알알이 떼어 설탕에 약간 재웠다가 오미자 국물이나 꿀물에 띄운다. 잣도 함께 띄운다. 여름 밀감을 사용하면 귤의 속알이 잘 떨어지고 신선하여 맛이 좋다.

수박 화채

재료 수박, 설탕.

수박(서과, 西瓜, *Citrullus vulgaris*)은 1년생 덩굴성 풀로 여름에

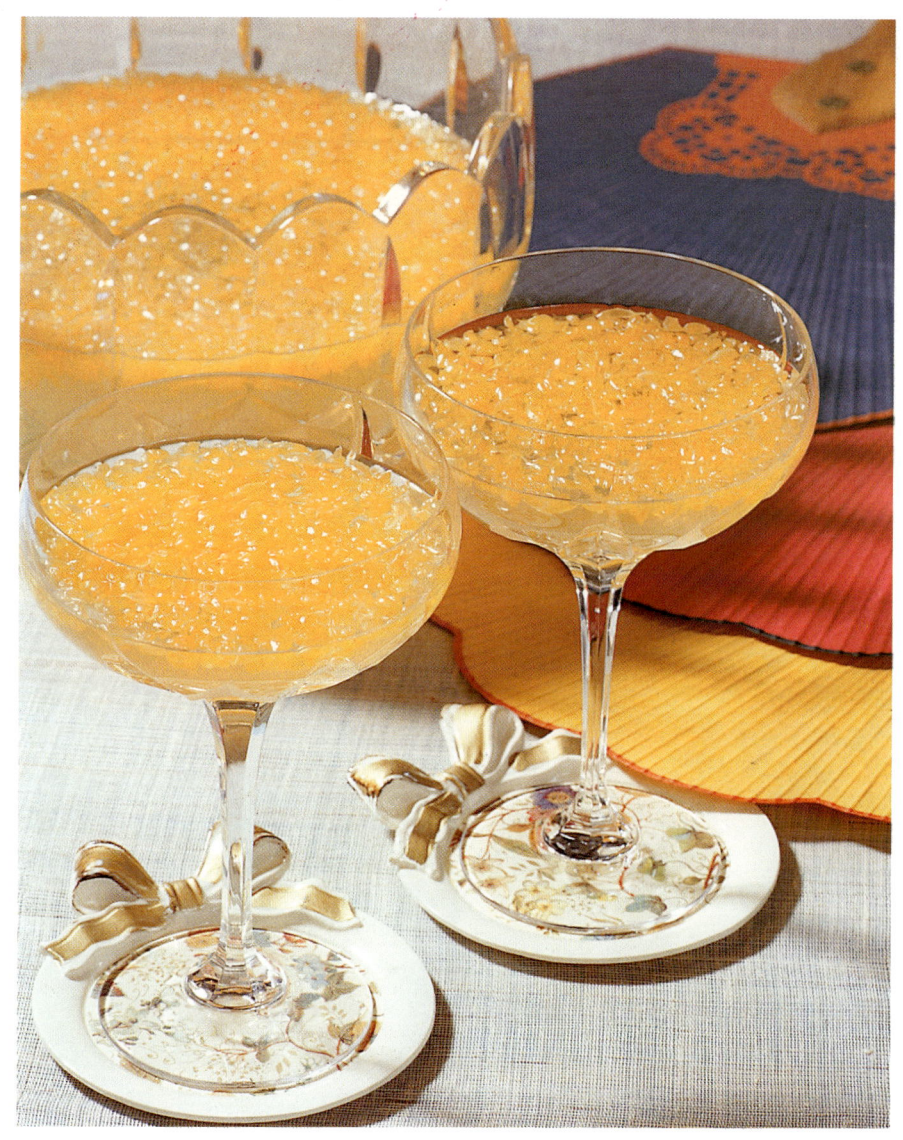

밀감 화채 밀감은 껍질을 벗기고 알알이 떼어 설탕에 재웠다가 오미자 국물이나 꿀
물에 띄운다. 여름 밀감을 사용하면 맛을 더할 수 있다.

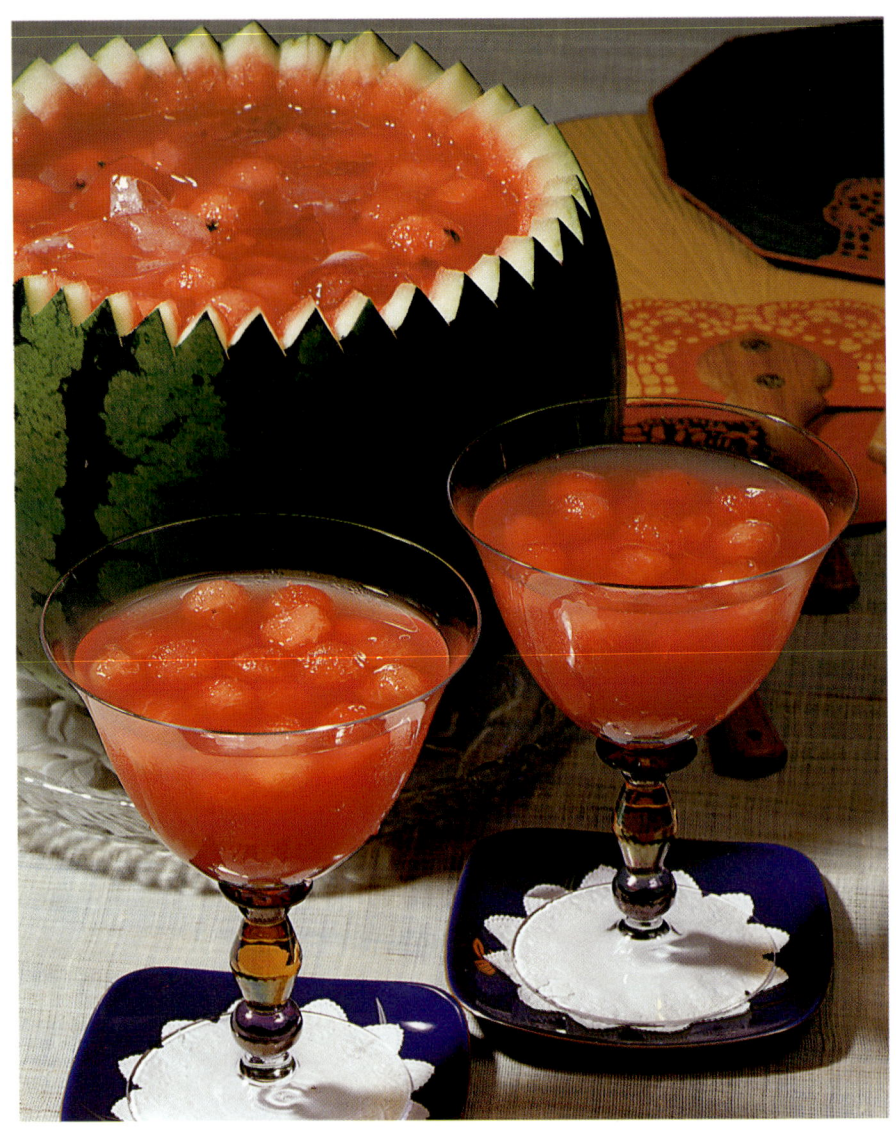

수박 화채 갈증을 없애 주는 대표적인 과일인 수박을 쪼개서 속만 빼낸 뒤 잘게 저민다. 씨는 모두 빼내고 설탕에 재운 다음 물을 조금 더한다.

채취하여 날것으로 이용한다. 수박은 여름철의 대표적인 과일로 우리나라에는 고려 때 도입된 것으로 추정된다. 성질이 차고 맛은 달다. 갈증을 없애 주고 더위를 이기게 하며 이뇨 작용을 한다.

만드는 법 잘 익은 수박을 쪼개 빨간 속만 빼낸 뒤 칼을 대지 않고 숟가락으로 잘게 저민다. 씨는 모두 빼고 설탕에 재운다. 물이 너무 적으면 다른 물을 조금 더하고 얼음을 잘게 깨 띄운다.

복숭아 화채

재료 복숭아 1개, 꿀 약간, 오미자 국물(꿀물) 3컵, 잣 1작은술.

복숭아나무(*Prunus persica*)는 낙엽 소교목으로 4~6미터쯤 자라고 4, 5월에 담홍색 꽃이 피며 열매는 6, 7월에 수확한다.

복숭아나무 껍질은 도백피(桃白皮), 꽃은 도화(桃花), 잎은 도엽(桃葉), 가지는 도지(桃枝), 뿌리는 도근(桃根), 수지는 도교(桃膠), 씨앗은 도인(桃仁)이라 하여 함께 약용한다. 과실은 식용하고 씨는 약용 재료로 쓰며 나무는 관상용이다.

씨앗은 6~8월 성숙한 과실에서 채취하여 종자만 얻은 뒤 햇볕에 건조시켜 사용한다. 성질이 고르고 맛은 달고 쓰다. 염증 치료와 월경 불순에 효과가 있으며 변비에도 좋다.

복숭아는 살이 연하고 수분, 단맛, 향기가 많다. 예로부터 귀신을 쫓는다 하여 제상에 올리지 않는 과일이며 또 장수의 의미를 지니고 있다.

만드는 법 제철의 좋은 6월 복숭아를 껍질을 벗겨 골패쪽처럼 얇게 썰어 꿀에 재웠다가 꿀물을 진하게 타고 잣을 띄운다.

산딸기 화채(복분자 화채)

재료 산딸기 3컵, 설탕(꿀) 반 컵, 물 3컵, 잣 1작은술.

산딸기는 살이 무르고 신맛이 있어 오미자 국물에는 적당하지 못하다.

만드는 법 산딸기를 살짝 씻어 몇 알만 남겨 놓고 나머지는 물을 붓고 곤 다음 고운 체에 밭쳐 차게 식혀 두었다가 끓인다. 설탕물을 넣고 산딸기 몇 알과 잣을 띄워 차게 해서 마신다. 산딸기를 곤 물 대신 끓인 설탕물이나 꿀물에 산딸기와 잣을 띄워도 좋다.

앵두 화채

앵두 화채는 단오날 민가에서 즐겨 먹는 청량 음료이다.

재료 앵두 1컵, 설탕(꿀) 반 컵, 물 3컵, 잣 1큰술.

앵두(앵도, 櫻桃, *Prunus lomentosa*)는 중국 만주가 원산으로 정원이나 집 주위에서 흔히 재배된다. 4월에 백색 또는 연한 홍색의 꽃이 잎보다 먼저 또는 같이 피며 열매는 6월에 빨갛게 익는다. 열매는 식용하며 잼·주스·술 등의 원료로도 쓰인다.

성질이 따뜻하고 맛은 달며 독이 없다. 막힌 월경을 통하게 하는 데 좋고 속을 고르게 하고 비장의 기능을 도와 주며 얼굴을 아름답게 한다. 또 뱀에게 물렸을 때 잎을 찧어 붙이고 즙을 내 마시면 뱀독이 몸 속으로 퍼지는 것을 막는다.

만드는 법 싱싱한 앵두를 골라 깨끗하게 씻고 물기를 닦고 씨를 발라 설탕에 1시간 가량 재운다. 끓여 식힌 설탕물에 꿀을 타서 시원하게 두었다가 재워 둔 앵두와 함께 시원한 그릇에 담고 잣을 띄워 낸다.

유자 화채

유자 화채는 가을에 열리는 노랗고 탐스러운 유자로 만들어 먹는 음료인데 그 맛이 별미이다.

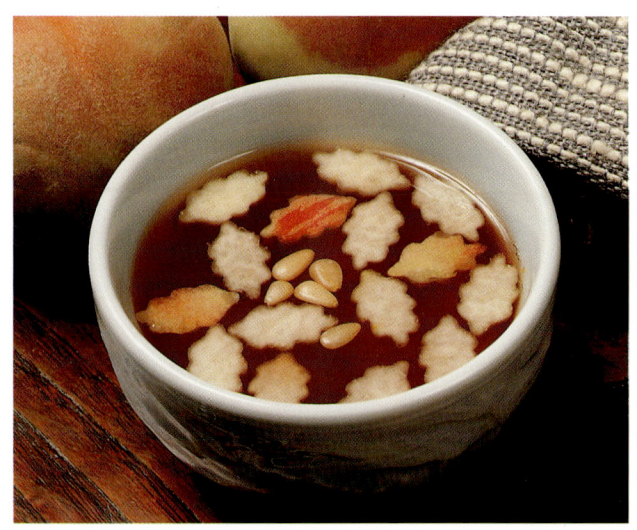

복숭아 화채 6월 복숭아를 껍질을 벗겨 골패쪽처럼 얇게 썰어 꿀에 재웠다가 꿀물을 진하게 타고 잣을 띄운다.

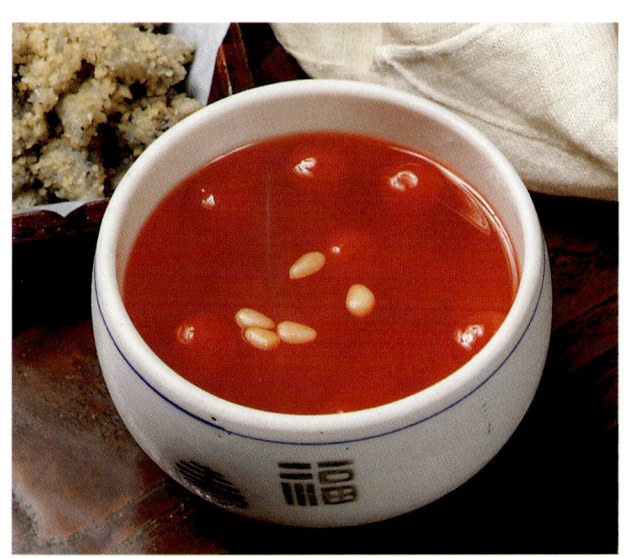

앵두 화채 6월에 빨갛게 익은 싱싱한 앵두를 이용하여 만든 이 화채는 단오날 민가에서 즐겨 먹는 청량 음료이다.

재료 유자 2개, 배 1개, 설탕 1컵 반, 물 4컵, 잣 1작은술, 석류 7~8알.

만드는 법 흠이 없고 단단한 유자를 골라 잘 드는 칼로 껍질을 아주 얇게 벗긴 다음 4등분 하여 속을 꺼낸다. 껍질은 흰 부분과 노란 부분으로 가른다. 주머니는 각각 떼어 씨를 빼내고 3, 4등분 해서 설탕을 약간 뿌려 화채 그릇에 재운다. 저며 놓은 흰 부분과 노란 부분을 사선으로 곱게 채친다. 화채 그릇에 앞에서 준비한 주머니를 담고 그 옆에 노란 부분과 흰 부분을 돌려 담아 설탕을 약간 뿌려 둔다.

배는 내기 직전에 껍질을 벗기고 얇게 채쳐서 노란 부분의 옆에 담고 석류알과 잣을 가운데에 담는다. 끓여 식힌 설탕물을 화채 그릇의 가운데로 가만히 부어 낸다. 작은 그릇에 조금씩 골고루 덜어 먹도록 한다.

기타

수삼 나박지(음료용)

수삼 나박지는 원래 물김치이지만 수삼의 향긋한 맛과 향 그리고 물김치의 특성이 복합적으로 맛을 내 주기 때문에 음료로 이용된다.

재료 수삼(4, 5년생) 4개, 배 반 개, 무 4분의 1개, 오이 4분의 1개, 식초 1컵 반, 설탕 1컵 반, 소금 3큰술, 생수 15컵.

만드는 법 수삼을 깨끗이 씻어 몸통만 껍질을 벗겨 길이 5센티미터, 너비 2센티미터, 폭 2밀리미터로 썰어 둔다. 배와 무도 껍질을 벗겨 수삼과 같은 크기로 썬다.

생수에 설탕을 넣어 녹이고 식초를 기호에 맞게 넣어 잘 혼합한

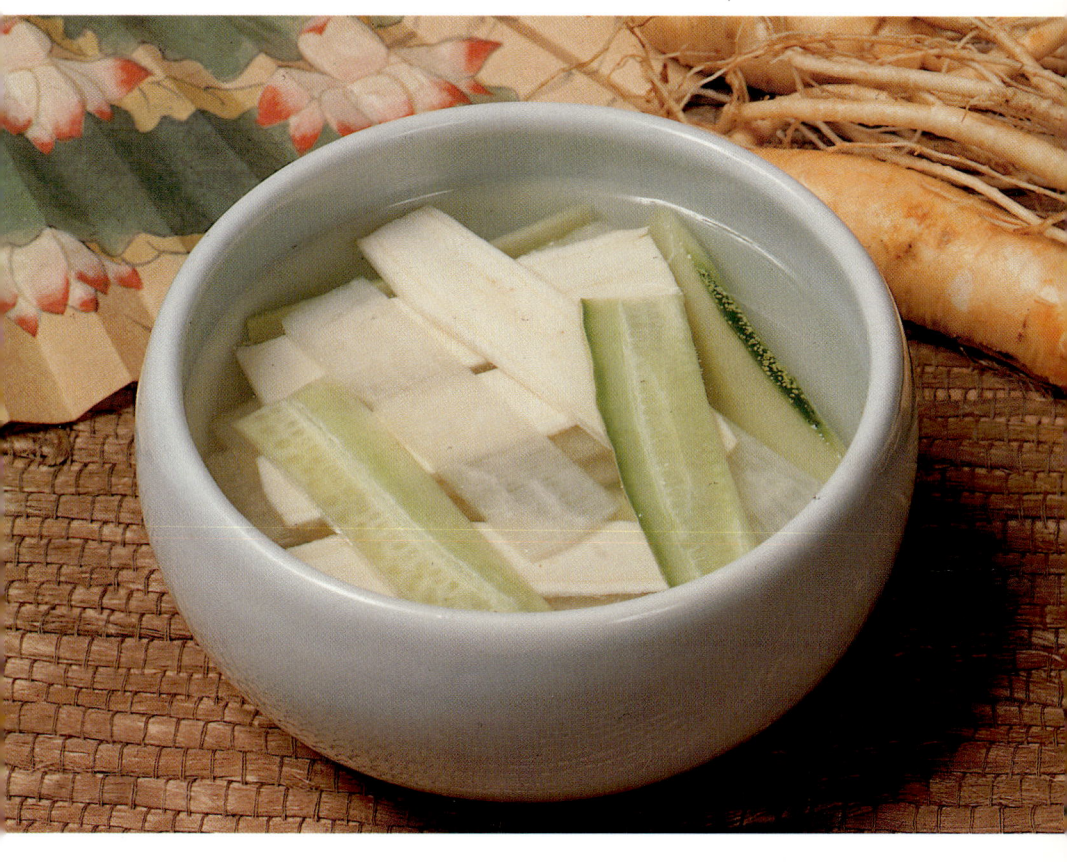

수삼 나박지   원래는 물김치이지만 수삼의 향긋한 맛과 향 그리고 물김치의 특성이
복합적으로 맛을 내 주기 때문에 음료로도 이용된다.

뒤 소금으로 간을 하여 새콤달콤한 국물을 마련한다.

수삼의 잔뿌리는 곱게 갈아 보자기에 싸서 맛을 낸 국물에 흔들어 꼭 짠 뒤 찌꺼기는 버린다.

준비된 국물에 수삼, 배, 무를 넣어 하루 동안 두면 향과 맛이 어우러져 수삼향이 가득한 상큼하고 시원한 음료가 된다. 그릇에 낼 때 오이도 수삼과 같은 크기로 썰어 국물에 띄워 내면 더욱 좋다.

서양의 꽃과 과일을 이용한 차

꽃과 과일은 세계 여러 나라에서 다양한 차의 재료로 이용되고 있다. 그 가운데 우리나라와 독일의 제조법을 살펴보면 다소 다른 점을 발견할 수 있다.

우리나라는 주로 꽃과 과일을 그대로 이용하여 자연의 멋과 맛을 살리며 다양한 음료를 만들어 왔다. 그러나 독일은 주로 꽃과 과일을 1차 가공한 다음에 이용하였다. 이러한 방법은 차를 오랜 기간 보관하고 대중적으로 보급하는 데 매우 편리하였다. 그렇기 때문에 독일에는 현재까지도 전통차의 제조법이 일반인들에게 널리 알려져 있다.

여기에서는 우리 전통 음료의 제조법을 지켜나가고 앞으로 널리 활용되기를 바라며 실용적이고 합리적인 독일차에 대한 내용을 간단히 살펴보고자 한다.

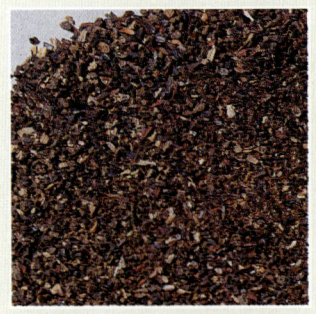

히비스쿠스블류텐, 찔레나무 열
매, 사과, 오렌지, 레몬, 서양말
오줌나무 열매 말린 것.

후뤼히테 테 미슝
(Früchte Tee Mischung)

여러 가지 과일 맛이 나는
신선한 가정용 음료이다.

원료 히비스쿠스블류텐
(Hibiscusbluten), 찔레나무 열
매, 사과, 오렌지, 레몬, 서양말
오줌나무 열매.

만드는 법 팔팔 끓는 물을
붓고 8분 동안 우러나게 한다.

효능 체내의 저항력을 높여 주고 특히 감기와 혈액 순환에
도움이 된다. 이뇨 작용에 좋고 불면증, 두통 또는 편두통, 통
증을 유발한 신경통 등에 도움이 된다.

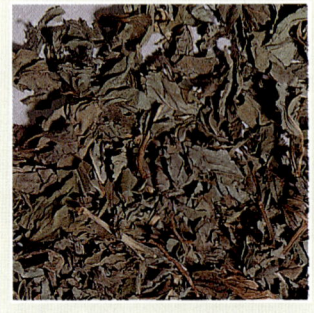

박하 말린 것.

페휘민쩨(Pfefferminze)

원료 박하.

만드는 법 팔팔 끓는 물을
붓고 6분 동안 우러나게 한 다
음 체에 밭쳐 찻잔에 따른다.

효능 위액 형성에 좋고 장
에 가스가 차거나 설사, 소화
장애 및 경련이 일어날 경우에
마시면 도움이 된다.

카밀레(Kamille)

원료 카밀레 꽃잎.(카밀레꽃에서는 사과 향기가 난다)

만드는 법 팔팔 끓는 물을 붓고 6분 동안 우러나게 한 다음 체에 밭쳐 찻잔에 따른다.

효능 장이나 위장 장애 그리고 설사할 때 마시면 좋고 소독 작용을 하므로 요도염에 도움이 된다.

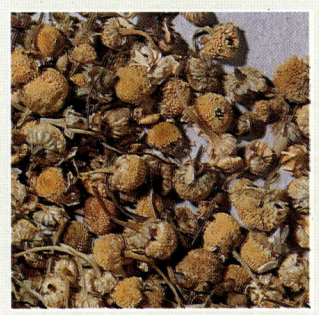

카밀레 꽃잎 말린 것.

크로이터 테 (Kräuter Tee)

과일과 잎을 섞어서 만든 특별한 차이다.

원료 나무딸기잎, 코코아 열매, 개암나무잎, 박하, 찔레나무 열매, 사과, 회향, 꿀풀과에 속하는 향수 박하.

만드는 법 팔팔 끓는 물을 붓고 6분 동안 우러나게 한다.

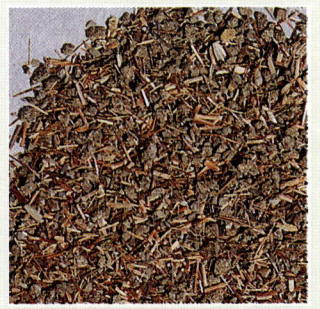

나무딸기잎, 코코아 열매, 개암나무잎, 박하, 찔레나무 열매, 사과, 회향, 향수 박하를 말린 것.

효능 유행성 감기 특히 콧물 감기나 기침할 때 마시면 좋다. 근육 경련을 제거하는 작용을 하고 변비나 설사에도 도움이 된다.

쩩스 크로이터
(6 Kräuter, 6가지잎차)

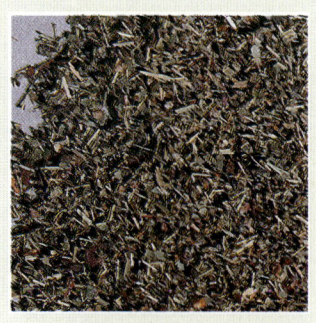

찔레나무 열매 껍질, 히비스쿠스 꽃잎, 레몬풀, 나무딸기잎, 박하, 마편초 말린 것.

원료 찔레나무 열매 껍질, 히비스쿠스 꽃잎, 레몬풀(향료용의 포아풀과 식물), 나무딸기잎, 박하, 마편초(馬鞭草).

만드는 법 찻잔에 1봉지를 넣고 팔팔 끓는 물을 붓고 8분 동안 우러나게 한다.

효능 유행성 감기 특히 콧물 감기나 기침 감기에 좋다. 신진대사 촉진 작용, 이뇨 작용, 가래를 삭히는 작용, 피로, 고갈(苦渴), 불면증, 편두통 등에 도움이 된다.

후뤼히테 테 - 후뤼히테
파라디스(Früchte Tee-Früchte Paradies)

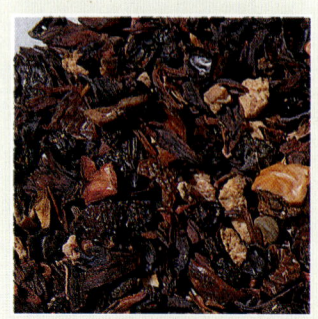

찔레나무 열매, 사과, 서양말오줌나무 열매, 오렌지 말린 것.

과일 향기가 있고 특히 살구와 딸기 맛이 난다.

원료 찔레나무 열매, 사과, 서양말오줌나무 열매, 오렌지.

만드는 법 생수를 끓인 다음 찻잔의 크기에 따라 10~16그램의 찻가루를 넣는다. 2~5분 동안 우러나게 한 다음 체에 치거나 여과지로 걸러 낸다.

효능 노약자, 불면증, 두통 혹은 감기에 좋다.

밀훠르트 후뤼히테 트라움
(Milford Früchte
Traum)
인디안 줌머
(Indian Summer)

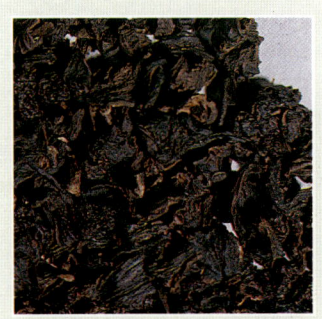

서양말오줌나무 열매와 향료를
말린 것.

원료 서양말오줌나무 열매(씨앗이 없는 건포도), 향료.(까치밥나무 열매와 버찌향을 첨가함)

만드는 법 차 한 잔을 위하여는 후리히테 트라움을 1작은술 넣고 특별한 향료 1작은술을 주전자에 더 첨가한다. 팔팔 끓는 물을 붓고 8분 동안 우러나게 한다.

효능 불면증, 두통 그리고 감기에 좋다.

휙스압휄
(Fixapfel, 사과차)

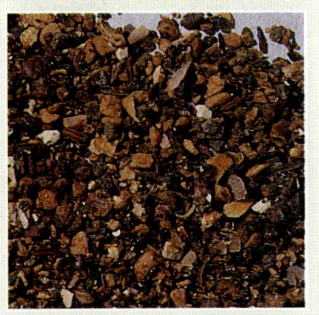

사과, 오렌지, 레몬, 히비스쿠스
말린 것.

원료 사과, 오렌지, 레몬, 히비스쿠스(Hibiscus).

만드는 법 2봉지를 한 묶음으로 만들었다. 팔팔 끓는 물을 붓고 적어도 5분 동안 우러나게 한다.

한 묶음(2봉지)으로 2잔을 만들 수 있다.

카밀렌테(Kamillente)

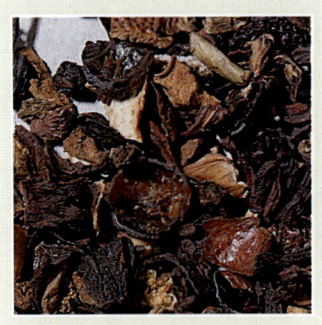

카밀레 꽃잎 말린 것.

원료 카밀레 꽃잎.(향기가 사과와 비슷하다)

만드는 방법 팔팔 끓는 물을 붓고 6분 동안 우러나게 한다.

효능 장이나 위장 장애 혹은 설사할 때 소독 작용을 하므로 요도염에 마셔도 좋다.

후뤼히테 테(Früchte Tee (Waldbeere, 발트베레), 과일차)

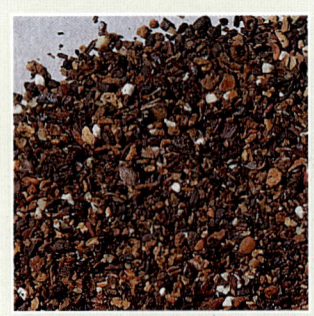

사과, 찔레나무 열매, 서양말오줌나무 열매를 말린 것.

원료 사과, 찔레나무 열매, 서양말오줌나무 열매.

만드는 법 팔팔 끓는 물 1찻잔에 1봉지를 넣고 6분 동안 우러나게 한다.

효능 노약자, 불면증, 두통, 신경 쇠약자 그리고 감기와 기관지염에 좋다.

브레네셀테 미슝
(Brennesseltee Mischung, 쐐기풀차)

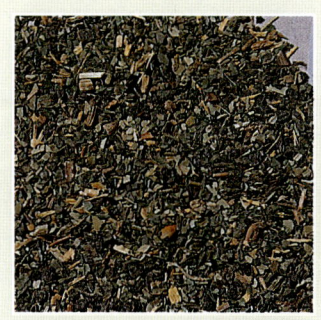

원료 쐐기풀, 나무딸기잎, 회향, 감초.

만드는 법 팔팔 끓는 물에 1봉지를 넣고 6분 동안 우러나게 한다.

쐐기풀, 나무딸기잎, 회향, 감초 말린 것.

효능 요도 장애, 위장이나 장 카타르 치료에 좋고 신진 대사와 내분비선에도 도움이 되며 적혈구 형성에도 효과가 있다.

슈바르쩌 테 밑 페휘민쩨
(Schwarzer Tee mit Pfefferminze, 박하를 첨가한 홍차)

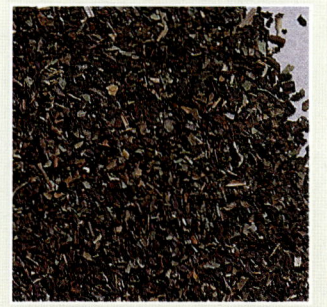

원료 미르칠루스(귤속), 박하.

만드는 법 팔팔 끓는 물을 붓고 3분 동안 우러나게 하면

미르칠루스와 박하를 말린 것.

홍분시키는 작용을 하고, 5분 동안 우러나게 하면 안정시키는 작용을 하는 차가 된다.

효능 소화 기관의 경련을 진정시키고 두통이나 풍기증(風氣症), 설사에 효과가 있다. 졸음이 올 때 마셔도 좋다.

참고 문헌

강인희, 『한국식생활사』, 삼영사, 1978.

강인희, 『한국의 맛』, 대한교과서주식회사, 1987.

김부식 저·이민수 역, 『삼국사기』, 을유문화사, 1992.

김재길, 『원색천연약물대사전』, 남산당, 1989.

방신영, 『조선요리제법』, 한성도서주식회사, 1942.

빙허각 이씨 저, 정양완 역, 『규합총서』, 보진재, 1975.

서유구, 『임원십육지』(영인본), 1827.

신민교, 『임상본초학』, 영림사, 1991.

신미경, 이효지, 전완길, 『전통차와 음청류 문화』, 한국식생활문
　　　화학회 추계학회 심포지움, 1994.

유중림, 『증보산림경제』(영인본), 1766.

윤서석 외 옮김, 가사협 원저, 『제민요술(식품조리가공편 연구)』,
　　　민음사, 1993.

―――, 『증보한국식품사연구』, 신광출판사, 1983.

―――, 『한국요리』, 학원사, 1969.

―――, 『한국음식』, 수학사, 1983.

―――, 『한국의 음식용어사전』, 민음사, 1991.

이성우, 「한국고식문헌집성 고조리서 I」, 『고사십이집』(1737년경),
　　　수학사, 1992.

―――, 「한국고식문헌집성 고조리서 II」, 『고사신서』(1771년경),
　　　수학사, 1992.

―――, 「한국고식문헌집성 고조리서 II」, 『증보산림경제』(1766
　　　년), 수학사, 1992.

이성우, 「한국고식문헌집성 고조리서 I」, 『거가필용』(13세기 말), 수학사, 1992.

────, 『한국식경대전』, 향문사, 1983.

────, 『한국식품문화사』, 교문사, 1984.

이승택, 『오미자. 약용재배기술 22』, 1992년 4월호.

이용기, 『조선무쌍신식요리제법』, 영창서관, 1943.

이춘녕, 김우정, 『천연향신료와 식용색소』, 향문사, 1987.

이효지, 『조선왕조 궁중연회음식의 분석적 연구』, 수학사, 1985.

일연 저, 이민수 역, 『삼국유사』, 을유문화사, 1992.

정순자, 『한국의 요리』, 동화출판공사, 1975.

한희순, 황혜성, 이혜경, 『이조궁정요리통고』, 학총사, 1957.

신재용 편저, 『방약합편해설』, 성보사, 1991.(황도연 원저, 황필수 찬, 『방약합편』, 1884.)

안동 장씨 원저, 황혜성 편, 『음식디미방』, 한국인서출판사, 1985.

황혜성, 『떡·한과』, 주부생활, 1989.

────, 『한국요리백과사전』, 삼중당, 1976.

────, 『한국의 전통음식』, 교문사, 1992.

허준 저, 김영훈, 신실구, 김재성, 백원식 감수, 『동의보감』, 남산당, 1986.

허준 저, 박인규, 조동현 감수, 『동의보감』, 민중서원, 1993.

홍석모, 『동국세시기』(영인본), 1849.

저자 미상, 『시의전서』(영인본), 1800년 말.

빛깔있는 책들 202-2

전통 건강 음료

글	—한국의 맛 연구회
사진	—배병석

발행인	—장세우
발행처	—주식회사 대원사

편집	—김범수, 김분하, 김수영, 최은희
미술	—최효섭
기획	—조은정
총무	—이훈, 이규헌, 정광진
영업	—정만성, 강성철, 박은식, 이수일, 최귀심
이사	—이명훈

첫판 1쇄 —1996년 6월 5일 발행
첫판 6쇄 —2006년 5월 30일 발행

주식회사 대원사
우편번호/140-901
서울 용산구 후암동 358-17
전화번호/(02) 757-6717~9
팩시밀리/(02) 775-8043
등록번호/제 3-191호
http://www.daewonsa.co.kr

이 책에 실린 글과 그림은, 글로 적힌
저자와 주식회사 대원사의 동의가 없
이는 아무도 이용하실 수 없습니다.

잘못된 책은 책방에서 바꿔 드립니다.

(₩) 값 13,000원

Daewonsa Publishing Co., Ltd.
Printed in Korea(1996)

ISBN 89-369-0181-8 00590

빛깔있는 책들

민속(분류번호:101)

고미술(분류번호:102)

불교 문화(분류번호:103)

음식 일반(분류번호:201)

건강 식품(분류번호 : 202)

즐거운 생활(분류번호 : 203)

건강 생활(분류번호 : 204)

한국의 자연(분류번호 : 301)

미술 일반(분류번호 : 401)

역사(분류번호 : 501)